工业和信息化高职高专“十三五”规划教材立项项目
高等职业院校信息技术应用“十三五”规划教材

Technical And Vocational Education
高职高专计算机系列

计算机应用基础实验指导与习题集（Windows 7+Office 2013）

陈勇 何少辉 ◎ 主编
李辉东 伍平 汤兵 郭治军 ◎ 副主编

人 民 邮 电 出 版 社
北 京

图书在版编目（CIP）数据

计算机应用基础实验指导与习题集 : Windows 7+ Office 2013 / 陈勇，何少辉主编. -- 北京 : 人民邮电出版社，2016.8
高等职业院校信息技术应用“十三五”规划教材
ISBN 978-7-115-42614-7

Ⅰ. ①计… Ⅱ. ①陈… ②何… Ⅲ. ①Windows操作系统－高等职业教育－教学参考资料②办公自动化－应用软件－高等职业教育－教学参考资料 Ⅳ. ①TP316.7 ②TP317.1

中国版本图书馆CIP数据核字(2016)第164146号

内 容 提 要

本书是《计算机应用基础（Windows 7+Office 2013）》的配套教材，以 Windows 7 和 Office 2013 为平台，精心设计了计算机基础知识、Windows 7 操作系统的使用、Word 2013 的应用、Excel 2013 的应用、PowerPoint 2013 的应用、Internet 基础与应用等模块的实验指导。这些实验涵盖了主教材《计算机应用基础（Windows 7+Office 2013）》的重要知识点，而且有所扩展。

本书适合作为高等院校“计算机应用基础”课程的辅助教材，也可作为全国计算机等级考试及计算机爱好者的自学参考用书。

◆ 主　　编　陈　勇　何少辉
副 主 编　李辉东　伍　平　汤　兵　郭治军
责任编辑　范博涛
责任印制　焦志炜

◆ 人民邮电出版社出版发行　　北京市丰台区成寿寺路 11 号
邮编　100164　　电子邮件　315@ptpress.com.cn
网址　http://www.ptpress.com.cn
三河市海波印务有限公司印刷

◆ 开本：787×1092　1/16
印张：7.5　　　　2016 年 8 月第 1 版
字数：184 千字　　　　2016 年 8 月河北第 1 次印刷

定价：19.80 元

读者服务热线：(010) 81055256　印装质量热线：(010) 81055316
反盗版热线：(010) 81055315

前言

我国高等职业教育正蓬勃发展。高等职业教育的目标是培养职业技术技能型人才，也就是培养生产一线的高级实用型人才，为此高等职业教育的教材要着眼于实际应用能力的培养，使学生能够从中获取某种技能。

随着计算机应用技术在生产、生活中的广泛应用，学习计算机技术已经成为人们最基本的技能需求。计算机基础这门课程对于高等职业教育的学生来说，既是公共基础课，又是一门基本技能培养与训练的课程。在本课程中，一方面是使学生掌握有关计算机的基本常识，另一方面最主要的是训练学生操作计算机的基本技能，例如中英文输入技能、简单的软硬件维护能力、办公软件使用等。

为了适应 21 世纪经济建设对人才知识结构、计算机文化素质及计算机应用技能的要求，我们总结多年来的教学实践和组织计算机等级考试的经验编写了此书。

全书将计算机技能教学与职业岗位要求及职业资格认证结合起来，既照顾到计算机基础教育的基础性、广泛性和一定的理论性，又兼顾计算机教育的实践性、实用性和更新发展性；既照顾到高校新生中从未接触过计算机的部分同学，又兼顾具有一定计算机基础的同学的学习要求。

本书是《计算机应用基础（Windows 7+Office 2013）》的配套教材，共设置了 6 个模块的实验指导，涵盖了《计算机应用基础（Windows 7+Office 2013）》的重要知识点，内容包括：模块 1 计算机基础知识，模块 2 Windows7 操作系统的使用，模块 3 Word 2013 的应用，模块 4 Excel 2013 的应用，模块 5 PowerPoint 2013 的应用，模块 6 Internet 基础与应用，共 20 个实验。每个实验均给出了详细的操作步骤、操作结果，并配以相应的图片，有助于学生上机操作。

为方便读者，本书还提供了电子课件及项目素材，读者可登录人民邮电出版社人邮教育社区 http://www.ryjiaoyu.com/进行下载。

本书由陈勇、何少辉任主编，李辉东、伍平、汤兵、郭治军任副主编。

由于编者水平有限，书中不足和疏漏之处，敬请读者批评指正。

编　者

2016 年 6 月

目 录 CONTENTS

PART 1 模块 1 计算机基础知识

实验指导 1　实现数制之间的转换

实验目的

（1）了解数制及二进制代码。

（2）掌握进制的加减运算。

（3）掌握进制之间的相互转换。

实验内容

（1）进制的运算与转换。

（2）计算机中信息的存储和调用方式。

实验步骤

【实验 1-1】将二进制数 1001 转换为十进制数。

$(1001)_2 = 1\times2^3 + 0\times2^2 + 0\times2^1 + 1\times2^0 = (9)_{10}$

【实验 1-2】将二进制数 1001.01 转换为十进制数。

$(1001.01)_2 = 1\times2^3 + 0\times2^2 + 0\times2^1 + 1\times2^0 + 0\times2^{-1} + 1\times2^{-2} = 9 + 0.25 = (9.25)_{10}$

【实验 1-3】将八进制数 121 转换为十进制数。

$(121)_8 = 1\times8^2 + 2\times8^1 + 1\times8^0 = (81)_{10}$

【实验 1-4】将八进制数 120.2 转换为十进制数。

$(120.2)_8 = 1\times8^2 + 2\times8^1 + 0\times8^0 + 2\times8^{-1} = 64 + 16 + 0.25 = (80.25)_{10}$

【实验 1-5】将十六进制数 10E 转换为十进制数。

$(10E)_{16} = 1\times16^2 + 0\times16^1 + 14\times16^0 = (270)_{10}$

【实验 1-6】将十六进制数 10F.A 转换为十进制数。

$(10F.A)_{16} = 1\times16^2 + 0\times16^1 + 15\times16^0 + 10\times16^{-1} = 256 + 15 + 0.625 = (271.625)_{10}$

【实验 1-7】将十进制数 25 转换成二进制数。

2	25	余数
2	12	1
2	6	0
2	3	0
2	1	1
	0	1

因此，$(25)_{10} = (11001)_2$。

【实验 1-8】将十进制数 171 转换成八进制数。

8	171	余数
8	21	3
8	2	5
	0	2

因此，$(171)_{10} = (253)_8$。

【实验 1-9】将十进制数 0.24 转换成二进制数。

余数		0.24		
1	×	2		
1		0.48	……	0
0	×	2		
1		0.96	……	0
1	×	2		
		1.92	……	1
		0.92		
	×	2		
		1.84	……	1
		0.84		
	×	2		
		1.68	……	1

所以，$(0.24)_{10} \approx (0.00111)_2$。

根据同样的道理，可以通过“除以 16 取余”的方法将十进制数转换成十六进制数。

【实验 1-10】将十进制数 27.24 转换成相应的二进制小数。

2	27
2	13
2	6
2	3
2	1
	0

其中，$(27)_{10}=(11011)_2$，$(0.24)_{10}\approx(0.00111)_2$（见实验 1-9）。

因此，$(27.24)_{10}\approx(11011.00111)_2$。

说明

从上面可以看出，每次乘以 2，结果可能是有限次的，也可能是无限次的，因此，十进制的小数不一定都能转换成等值的二进制小数，这时只要满足精度要求即可。

根据同样的道理，可以通过乘以 8 或乘以 16 的方法将十进制小数转换成相应的八进制或者十六进制小数。

【实验 1-11】将二进制数 10110011.01011 转换成相应的八进制数。

$$\begin{array}{ccccc} (010 & 110 & 011 & . & 010 & 110)_2 \\ \hline (2 & 6 & 3 & . & 2 & 6)_8 \end{array}$$

所以，$(10110011.01011)_2=(263.26)_8$。

【实验 1-12】将八进制数 731.3 转换成相应的二进制数。

$$\begin{array}{ccccc} (7 & 3 & 1 & . & 3)_8 \\ \hline (111 & 011 & 001 & . & 011)_2 \end{array}$$

所以，$(731.3)_8=(111011001.011)_2$。

【实验 1-13】将二进制数 1010110.10101 转换成相应的十六进制数。

$$\begin{array}{ccccc} (0101 & 0110 & . & 1010 & 1000)_2 \\ \hline (5 & 6 & . & A & 8)_{16} \end{array}$$

所以，$(1010110.10101)_2=(56.A8)_{16}$。

【实验 1-14】将十六进制数 5B2.F 转换成相应的二进制数。

$$\begin{array}{ccccc} (5 & B & 2 & . & F)_{16} \\ \hline (0101 & 1011 & 0010 & . & 1111)_2 \end{array}$$

所以，$(5B2.F)_{16}=(10110110010.1111)_2$。

实验指导 2　熟悉计算机硬件系统和软件系统

实验目的

（1）熟悉计算机的硬件组成。

（2）熟悉计算机的软件组成。

（3）了解当前使用的操作系统。

（4）掌握计算机启动和关闭的方法。

实验内容

（1）计算机硬件和软件的组成。

（2）计算机的启动和关闭。

实验步骤

1. 计算机硬件和软件的组成

1）计算机硬件的组成

目前的计算机均依照冯·诺依曼体系结构设计，其硬件系统包括运算器、控制器、存储器（这 3 项统称为计算机的主机）、输入设备和输出设备（这 2 项称为计算机的外部设备）。

（1）运算器对二进制编码进行运算。将运算器和控制器合在一起，做成一块半导体集成电路，即为中央处理器（CPU）。

（2）存储器的功能是存储程序和数据。计算机存储器通常有两种：内部存储器和外部存储器。内部存储器称为内存或主存储器，主要存放当前选择的程序和相关数据，存取的速度快、造价高，所以容量一般比外部存储器小；外部存储器称为外存或辅助存储器，主要存放计算机暂时不选择的程序及目前尚不需处理的数据，它的造价低、容量大、速度慢。CPU 存取外部存储器的数据时，必须将数据先调入内部存储器。内部存储器是计算机的数据交换中心。

（3）输入设备是指计算机输入信息的设备。它的任务是向计算机提供原始数据，输入设备有键盘、鼠标、扫描仪、手写笔、触摸屏、条形码输入设备、数字化仪等。

（4）输出设备是指可识别从计算机中所输出信息的设备，输出设备有显示器、打印机、绘图仪和扬声器等。

2）计算机软件的组成

计算机软件包括应用软件和系统软件。其中，系统软件是计算机的基本软件，包括监控程序、操作系统、汇编程序、解释程序、编译程序和诊断程序等。应用软件是为了使用和管理计算机而编写的各种应用程序。

3）操作系统软件

操作系统位于底层硬件与用户之间，是两者沟通的桥梁。用户可以通过操作系统的用户界面输入命令。操作系统则对命令进行解释，驱动硬件设备，实现用户要求。目前，计算机上常见的操作系统有 DOS、OS/2、UNIX、XENIX、Linux、Windows、Netware 等。其中最常用的是 Windows 操作系统。

2. 计算机的启动和关闭

1）启动计算机

一般来说，启动计算机分为启动显示器和启动主机箱两部分。正确启动计算机的顺序是先启动显示器及其他外部设备，然后启动主机。这是因为设备在通电和断电的瞬间会产生较大的电流冲击，后启动显示器等外部设备可能会使主机产生异常或者无法启动。因此，养成良好的开机习惯能够延长计算机的使用寿命。从关机状态启动计算机也称为冷启动。

（1）启动显示器。按下显示器的电源开关即可启动显示器。显示器的电源开关一般在显示器最下方或者右侧边缘，如图 1-1 所示。显示器关闭时，开关指示灯熄灭，此时按下显示器开关按钮即可打开显示器。计算机未启动时，显示器开关指示灯发出黄色亮光，显示器屏幕为黑色；当计算机启动后，显示器开关指示灯发出绿色亮光，同时屏幕显示相应画面。

（2）启动计算机主机箱。按下计算机主机箱的电源开关 Power 按键，等候显示器显示开机信息。Power 按键通常在主机箱正面位置，如图 1-2 所示。此时，主机箱 Power 按键处会亮灯，并发出工作噪声，显示器开始显示开机画面。

图 1-1　计算机显示器

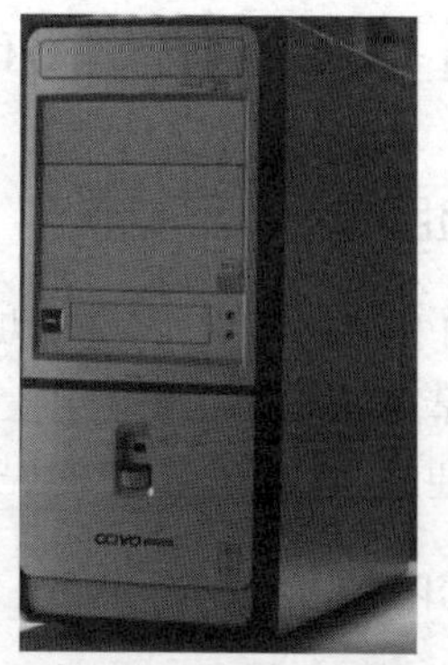

图 1-2　计算机主机箱

（3）选择操作系统。当显示器上提示选择操作系统时，使用键盘的方向键↑或↓选中相应的 Windows 7 选项，然后按 Enter 键，即可进入 Windows 7 操作系统的启动界面。此时需要等待一段时间，直到出现 Windows 7 登录界面。

（4）登录 Windows 7 操作系统。计算机自检后自动引导 Windows 7 操作系统，在登录界面单击一个用户图标，输入密码，如图 1-3 所示，进入 Windows 7 操作系统的桌面。

图 1-3　登录界面

2）关闭计算机

关机的步骤如下。

（1）单击“开始”按钮，在打开的“开始”菜单中单击“关机”按钮。

（2）关闭计算机系统。

（3）依次关闭显示器及外设电源。

当计算机出现比较严重的故障，如键盘和鼠标同时失效时，无法使用前两种方法，可以直接在主机箱上找到 Reset 按键，重新启动计算机，也称为冷启动。需要注意的是，不要强行使用冷启动，因为打开电源开关时，瞬间电流对计算机的冲击很大，反复冲击容易损坏计算机。

实验指导 3　使用 360 安全卫士查杀木马

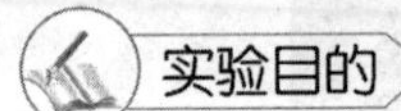

实验目的

（1）了解 360 安全卫士的功能。

（2）掌握使用 360 安全卫士查杀木马的方法。

（3）通过 360 安全卫士的提示及自己的鉴别能力，分辨哪些是木马。

实验内容

（1）下载并安装 360 安全卫士。

（2）使用 360 安全卫士查杀木马。

实验步骤

（1）打开浏览器，在地址栏中输入 www.360.cn 并按 Enter 键，进入 360 安全中心的官方网站，如图 1-4 所示。

图 1-4　360 安全中心官方网站

（2）在页面的导航栏中单击“360 安全卫士”选项卡，然后单击页面中黄色的“免费下载”按钮，下载 360 安全卫士。下载完成后，双击安装程序，打开安装主界面，如图 1-5 所示。

（3）用户可以选择默认安装选项，也可以通过单击“自定义安装”链接自定义安装选项。这里保持默认选项，直接单击“立即安装”按钮，安装程序即开始下载安装过程中所需的文件，如图 1-6 所示。这里需要注意的是，第（2）步中下载的是一个在线安装软件，而非传统意义上的离线安装包。

图 1-5　360 安全卫士安装主界面

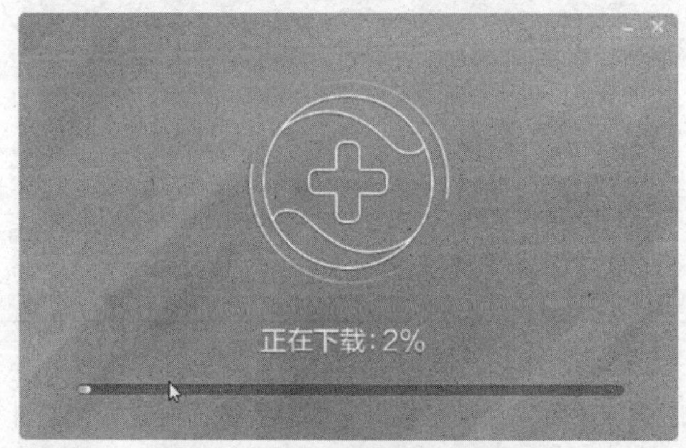

图 1-6　正在下载安装所需的文件

（4）下载完成后程序即将安装，安装完成后将打开 360 安全卫士的主界面，如图 1-7 所示。

图 1-7　360 安全卫士主界面

（5）在主界面左下角有一个“查杀修复”选项，单击该选项进入扫描界面，如图 1–8 所示。

图 1–8 查杀修复界面

（6）第一次扫描，建议选择“快速扫描”方式。快速扫描是只扫描计算机中的关键位置，如内存、系统盘等，这样可以快速发现这些关键位置潜伏的木马，从而进行查杀。若需要全盘查杀，则可以选择“全盘扫描”方式，当然也可以自定义扫描位置。这里单击“快速扫描”选项，则软件开始扫描进程，如图 1–9 所示。

图 1–9 正在扫描

（7）扫捕完成后，软件会给出扫描结果，如图 1-10 所示。

图 1-10 扫描结果

（8）用户可以自己加以鉴别进行处理，也可以单击“一键处理”按钮全部处理，这里单击“一键处理”按钮即可。

习题

一、选择题

1. 计算机的发展经历了机械式计算机、（　　）式计算机和电子计算机 3 个阶段。
   A. 电子管　B. 机电　C. 晶体管　D. 集成电路
2. 美国宾夕法尼亚大学于 1946 年研制成功了一台大型通用数字电子计算机（　　）。
   A. ENIAC　B. Z3　C. IBM PC　D. Pentium
3. 中国于 1985 年自行研制成功了第一台 PC 兼容机（　　）0520 微机。
   A. 联想　B. 方正　C. 长城　D. 银河
4. 第 4 代计算机采用大规模和超大规模（　　）作为主要电子元件。
   A. 微处理器　B. 集成电路　C. 存储器　D. 晶体管
5. 冯·诺依曼结构计算机包括输入设备、输出设备、存储器、控制器和（　　）共 5 大部分。
   A. 处理器　B. 运算器　C. 显示器　D. 模拟器
6. 一个完整的计算机系统包括（　　）。
   A. 主机、键盘、显示器　B. 计算机及其外部设备
   C. 系统软件与应用软件　D. 计算机的硬件系统和软件系统
7. 微型计算机的运算器、控制器及内存储器总称（　　）。
   A. CPU　B. ALU　C. MPU　D. 主机

8. “长城 386 微机”中的 386 指的是（　　）。

A. CPU 的型号　　B. CPU 的速度

C. 内存的容量　　D. 运算器的速度

9. 在微型计算机中，微处理器的主要功能是进行（　　）。

A. 算术逻辑运算及全机的控制　　B. 逻辑运算

C. 算术逻辑运算　　D. 算术运算

10. DRAM 存储器的中文含义是（　　）。

A. 静态随机存储器　　B. 动态只读存储器

C. 静态只读存储器　　D. 动态随机存储器

11. 一字节的二进制位数是（　　）。

A. 2　　B. 4　　C. 8　　D. 16

12. 在计算机中，bit 的中文含义是（　　）。

A. 二进制位　　B. 字节　　C. 字　　D. 双字

13. 断电后会使原存信息丢失的存储器是（　　）。

A. 半导体 RAM　　B. 硬盘　　C. ROM　　D. 软盘

14. 具有多媒体功能的计算机系统，常用 CD-ROM 作为外存储器，它是（　　）。

A. 只读软盘存储器　　B. 只读光盘存储器

C. 可读写的光盘存储器　　D. 可读写的硬盘存储器

15. 计算机唯一能够直接识别和处理的语言是（　　）。

A. 甚高级语言　　B. 高级语言　　C. 汇编语言　　D. 机器语言

16. 半导体只读存储器（ROM）与半导体随机存储器（RAM）的主要区别在于（　　）。

A. 在断电后，ROM 中存储的信息不会丢失，RAM 信息会丢失

B. ROM 是内存储器，RAM 是外存储器

C. 断电后，ROM 信息会丢失，RAM 则不会

D. ROM 存储的信息量大而 RAM 存储的信息量小

17. 计算机软件系统应包括（　　）。

A. 管理软件和连接程序　　B. 数据库软件和编译软件

C. 程序和数据　　D. 系统软件和应用软件

18. 操作系统的主要功能是（　　）。

A. 控制和管理计算机系统软硬件资源

B. 对汇编语言、高级语言和甚高级语言程序进行翻译

C. 管理用各种语言编写的源程序

D. 管理数据库文件

19. 在计算机系统中，指令的数量与类型由（　　）决定。

A. DRAM　　B. SRAM　　C. CPU　　D. BIOS

20. 主板功能的多少往往取决于（　　）芯片与主板上的一些专用芯片。

A. CPU　　B. 南桥　　C. 北桥　　D. 内存

21. 保证信息安全最基本、最核心的技术性措施是（　　）。

A. 信息加密技术　　B. 信息确认技术

C. 网络控制技术　　D. 反病毒技术

22. 通常所说的病毒是指（　　）。

A. 细菌感染　　B. 生物病毒感染

C. 被破坏的程序　　D. 特制的、具有破坏性的程序

23. 对于已感染了病毒的软盘，最彻底的清除病毒的方法是（　　）。

A. 用酒精将软盘消毒　　B. 把软盘放进高压锅里煮

C. 将感染病毒程序全部删除　　D. 对软盘进行格式化

24. 计算机病毒造成的危害是（　　）。

A. 使磁盘发霉　　B. 破坏计算机系统

C. 使计算机内存芯片损坏　　D. 使计算机系统突然断电

25. 计算机病毒的危害性表现在（　　）。

A. 能造成计算机器件永久性失效

B. 影响程序的执行，破坏用户数据和程序

C. 不影响计算机的运行速度

D. 不影响计算机的运算结果，不必采取任何措施

26. 下列有关计算机病毒分类的说法，正确的是（　　）。

A. 病毒分为 12 类　　B. 病毒分为操作系统型和文件型

C. 没有病毒分类之说　　D. 病毒分为外壳型和入侵型

27. 计算机病毒对于操作计算机的人来说，（　　）。

A. 只会感染，不会致病　　B. 会感染，会致病

C. 不会感染　　D. 会有厄运

28. 不能防止计算机病毒的措施是（　　）。

A. 软盘未写保护

B. 先用杀毒软件将从其他机器上复制的文件清查病毒

C. 不使用来历不明的磁盘

D. 经常关注防病毒软件的版本升级情况，并尽量使用最高版本的防病毒软件

29. 防病毒卡能够（　　）。

A. 杜绝病毒对计算机造成侵害　　B. 发现病毒入侵迹象并及时阻止或提醒用户

C. 自动消除已感染的所有病毒　　D. 自动发现并阻止病毒的入侵

30. 计算机病毒主要造成（　　）损坏。

A. 磁盘　　B. 磁盘驱动器

C. 磁盘及其中的程序和数据　　D. 程序和数据

31. 文件型病毒感染的对象主要是（　　）。

A. DBF　　B. PRG　　C. COM 和 EXE　　D. XML

32. 文件被病毒感染后，其呈现的基本特征是（　　）。

A. 文件不能被执行　　B. 文件长度变短

C. 文件长度加长　　D. 文件能照常运行

33. 在计算机网络应用中，有意制造和传播计算机病毒是一种（　　）行为。

A. 不规范的　　B. 违法的　　C. 不道德的　　D. 失职的

34. 在计算机网络应用中，数据传输的可靠性可以用（　　）测评。

A. 传输速率　　B. 频带利用率　　C. 信息容量　　D. 误码率

35. 以下特性中，不属于计算机病毒特征的是（　　）。

A. 传染性　　B. 隐蔽性　　C. 长期性　　D. 潜伏性

36. 计算机病毒可以使计算机（　　）。

A. 过热　　B. 自动开机　　C. 耗电量增加　　D. 丢失数据

37. 密码发送型特洛伊木马程序将窃取的密码发送到（　　）。

A. 电子邮件　　B. 电子邮箱　　C. 邮局　　D. 网站

38. 设置网上银行密码的安全原则是（　　）。

A. 使用有意义的英文单词　　B. 使用姓名缩写

C. 使用电话号码　　D. 使用字母和数字的混合

39. 以下不属于网络安全防范措施的是（　　）。

A. 安装个人防火墙　　B. 设置 IP 地址

C. 合理设置密码　　D. 下载软件后，先杀毒再使用

40. 以下属于计算机犯罪的是（　　）。

A. 非法截取信息

B. 复制与传播计算机病毒、禁播影像制品和其他非法活动

C. 借助计算机技术伪造或篡改信息、进行诈骗及其他非法活动

D. 以上皆是

41. 网络信息系统常见的不安全因素包括（　　）。

A. 设备故障　　B. 拒绝服务　　C. 篡改数据　　D. 以上皆是

42. 以下可实现身份验证的是（　　）。

A. 口令　　B. 智能卡　　C. 视网膜　　D. 以上皆是

43. 计算机安全包括（　　）。

A. 操作安全　　B. 物理安全　　C. 病毒防护　　D. 以上皆是

44. 下列关于网络病毒的描述中，错误的是（　　）。

A. 网络病毒不会对数据传输造成影响

B. 与单机病毒相比，网络病毒加快了病毒传播的速度

C. 传播媒体是网络

D. 可通过电子邮件传播

45. 计算机病毒（　　）。

A. 是生产计算机硬件时不经意间产生的

B. 是人为制造的

C. 都必须清除才能使用计算机

D. 都是人们无意中制造的

二、填空题

1. 计算机中各种部件之间共享的一组公共数据传输线路，称为________。

2. 一条指令通常由________和________两个部分组成。

3. ________系统是将计算机或计算机核心部件安装在某个专用设备内。

4. 主板性能的高低主要由________芯片决定。

5. 某微型机的运算速度为 2 MIPS，则该微型机每秒钟选择________条指令，通常时钟频率以________为单位。

6. 摩尔定律指出，微处理器芯片上集成的晶体管数目每________个月翻一番。

7. 现在使用的计算机，其工作原理是________，是由________提出来的。

8. 在数据通信中，计算机之间或计算机与终端机之间为相互交换信息而制定的一套规则，称为________。

9. 在计算机中，应用最普遍的字符编码是________。

10. 计算机网络是计算机技术与________技术相结合的产物。

11. 在已经发现的计算机病毒中，________病毒可以破坏计算机的主板，使计算机无法正常工作。

12. 计算机病毒可以分为引导型病毒和________病毒两类。

13. 引导型病毒通常位于________扇区中。

14. 感染文件型病毒后系统的基本特征是________。

15. 计算机病毒传染性的主要作用是将病毒程序进行________。

16. ________程序通过分布式网络来传播特定的信息或错误，进而造成网络服务遭到拒绝并发生死锁。

17. 信息的安全是指信息在存储、处理和传输状态下均能保证其________、________和________。

18. 实现数据动态冗余存储的技术有________、________和________。

19. 数字签名的主要特点有________、________和________。

20. 防火墙位于________和________之间，实现对网络的保护。

21. 常用的防火墙有________防火墙和________防火墙。

22. ________防火墙是网络安全最基本的技术。

23. 操作系统安全一般分为两部分：________和________。

24. 清除病毒一般采用________和________的方法。

25. 计算机病毒的特征有________、________、________、________、针对性、隐蔽性和衍生性。

三、判断题

1. 计算机内部信息表示的方式是二进制数。(　　)

2. 现代数字计算机的逻辑结构是图灵提出来的。(　　)

3. 位是计算机存储单位中的基本单位。(　　)

4. 计算机区别于其他计算机工具的本质特点是能存储数据和程序。(　　)

5. 计算机的速度完全由 CPU 决定。(　　)

6. 决定计算机精度的主要技术指标是计算机的字长。(　　)

7. 外设能够直接与 CPU 交换数据。(　　)

8. 在计算机系统中，一个汉字的内码占两个字节。(　　)

9. 在计算机中，所有的信息如数字、符号及图形都是用电子元件的不同状态表示的。(　　)

10. 运算器是计算机的一个主要组成部件，其主要功能是进行算术运算和逻辑运算，它又称为中央处理器（CPU）。(　　)

11. 电子商务发展迅猛，但困扰它的最大问题是安全性。(　　)

12. 用户的通信自由和通信秘密受到法律保护。(　　)

13. 在网络安全方面给企业造成最大财政损失的安全问题是黑客。(　　)

14. 计算机病毒可通过网络、软盘、光盘等各种媒体传染，有的病毒还会自我复制。(　　)

15. 远程登录就是允许用自己的计算机通过 Internet 连接到很远的另一台计算机上，利用本地键盘操作他人的计算机。(　　)

16. 各级党政机关存储国家秘密文件和资料的计算机系统必须与互联网彻底断开。(　　)

17. 用杀毒软件对计算机进行检查，报告结果称没有病毒，说明这台计算机中一定没有病毒。(　　)

18. 在网络上发布和传播病毒只受道义上的制约。(　　)

19. 当机器出现一些原因不明的故障时，可通过 Windows 的安全模式重新启动计算机，便可更改系统错误。(　　)

20. 当发现计算机病毒时，它们往往已经对计算机系统造成了不同程度的破坏，即使清除了病毒，遭受破坏的内容有时也不可恢复。因此，对计算机病毒必须以防范为主。(　　)

21. 计算机病毒只会破坏磁盘上的数据和文件。(　　)

22. 计算机病毒是指能够自我复制和传播、占据系统资源、破坏计算机正常运行的特殊程序块或程序集合体。(　　)

23. 通常所说的黑客和计算机病毒是一回事。(　　)

24. 计算机病毒不会破坏磁盘上的数据和文件。(　　)

25. 造成计算机不能正常工作的原因若不是硬件故障，就是计算机病毒。(　　)

26. 用防病毒软件可以清除所有的病毒。(　　)

27. 计算机病毒的传染和破坏主要是动态进行的。(　　)

PART 2 模块 2 Windows 7 操作系统的使用

实验指导 1　安装 Windows 7 操作系统

实验目的

掌握 Windows 7 操作系统的安装步骤与方法。

Windows 7 的正式版具有更加人性化的工具栏设计，使操作变得更简单、快捷，同时具备更个性化的桌面。用户可以对桌面进行更多的操作和个性化设置。

实验步骤

（1）与安装 Windows XP 一样，先设置从光盘启动计算机。然后把 Windows 7 的安装光盘放入计算机光驱中，当计算机显示图 2-1 所示的光盘启动画面时，按键盘上的任意键，弹出图 2-2 所示的文件复制窗口。

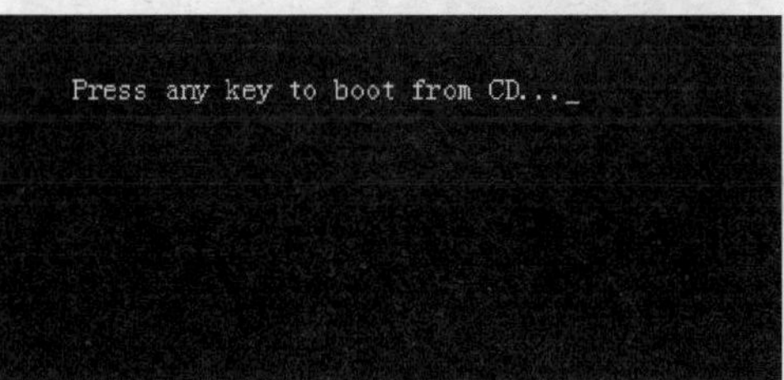

图 2-1　光盘启动画面

图 2-2　文件复制窗口

（2）当文件复制完成以后，弹出图 2-3 所示的语言和其他选项窗口。根据实际情况选择，这里采用默认设置，单击“下一步”按钮，弹出安装窗口，如图 2-4 所示。

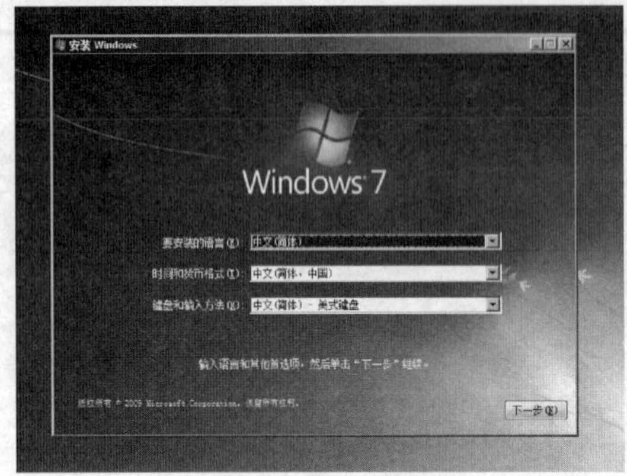

图 2-3　语言和其他选项窗口

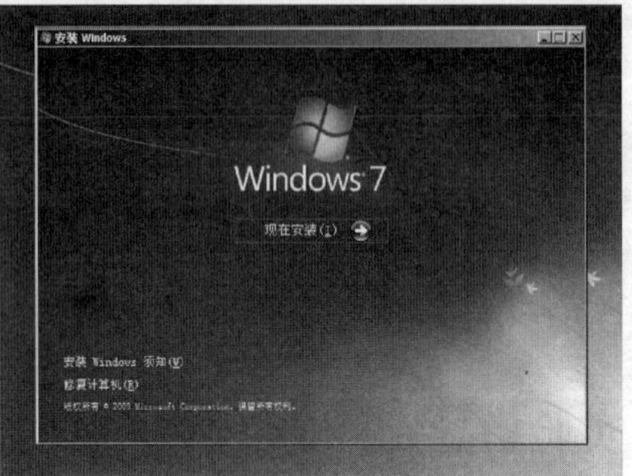

图 2-4　安装窗口

（3）单击“现在安装”按钮，显示“安装程序正在启动”字样，如图 2-5 所示。

（4）几分钟后，打开“请阅读许可条款”对话框，如图 2-6 所示。选中“我接受许可条款”复选框，然后单击“下一步”按钮。

图 2-5　显示“安装程序正在启动”

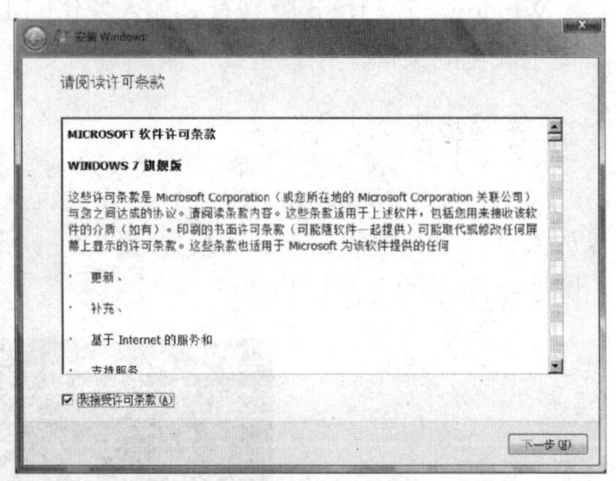

图 2-6　“请阅读许可条款”对话框

（5）打开选择安装类型对话框，如图 2-7 所示。对话框显示“升级”“自定义（高级）”和“帮助我决定”3 种安装方式，“升级”和“自定义（高级）”下面都有详细的说明，用户可以根据实际情况选择。如果不了解这两项的含义，可以选择“帮助我决定”，由安装程序决定安装方式，在此单击“帮助我决定”。

（6）打开图 2-8 所示的选择磁盘分区对话框。如果想要在这一步分区，可以单击“驱动器选项（高级）”，对磁盘进行分区。

（7）这里直接单击“下一步”按钮，计算机重新启动，启动完成后，屏幕上出现“安装程序正在启动服务”字样，当服务启动完成后，Windows 7 也就安装完成了，计算机进入 Windows 7 操作系统界面，如图 2-9 所示。

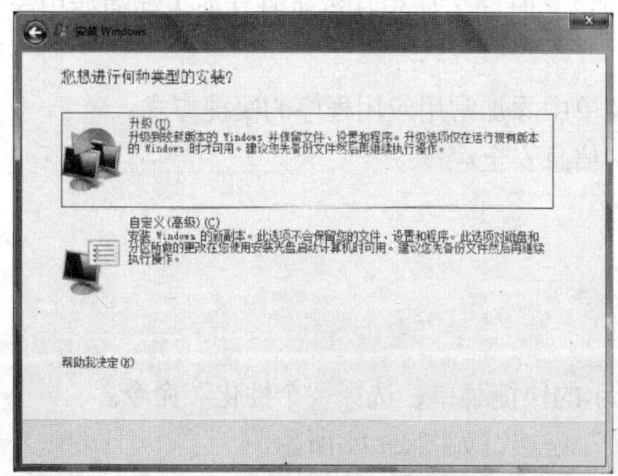

图 2-7 选择安装类型对话框

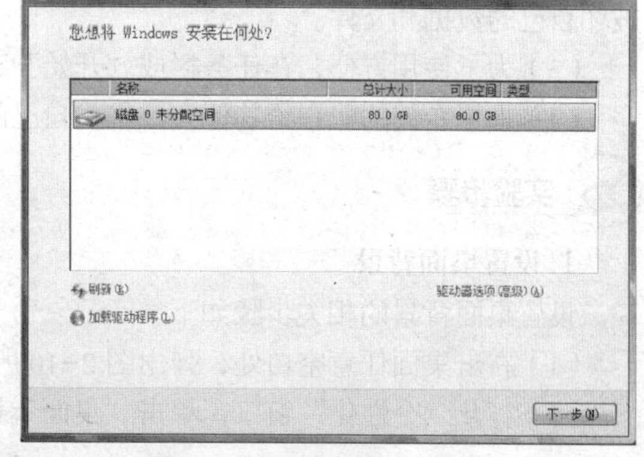

图 2-8 选择磁盘分区对话框

图 2-9 Windows 7 操作系统界面

实验指导 2 掌握 Windows 7 的入门操作

实验目的

（1）掌握设置 Windows 7 桌面背景的方法。

（2）掌握设置屏幕保护程序的方法。

（3）掌握设置屏幕分辨率的方法。

（4）掌握排列图标的方法。

（5）掌握在任务栏和“开始”菜单中增加应用程序快捷方式的方法。

（6）学会设置鼠标和键盘的基本方法。

实验内容

为计算机进行显示属性的设置，同时为了使用方便及信息的安全存放，可以进行账户和权限管理，具体要求如下。

（1）把桌面背景改成自己喜欢的图案。

（2）设置屏幕保护程序并加入密码，以免自己长时间不使用计算机时其他人随便使用或破坏自己的数据和文件。

（3）为了使用方便，在任务栏或“开始”菜单中添加常用应用程序的快捷方式。

（4）设置专门的账户给其他人，维护自己的信息安全。

1. 设置桌面背景

设置桌面背景的相关步骤如下。

（1）右击桌面任意空白处，弹出图 2-10 所示的快捷菜单，选择“个性化”命令。

（2）打开“个性化”窗口，单击“桌面背景”链接，如图 2-11 所示。

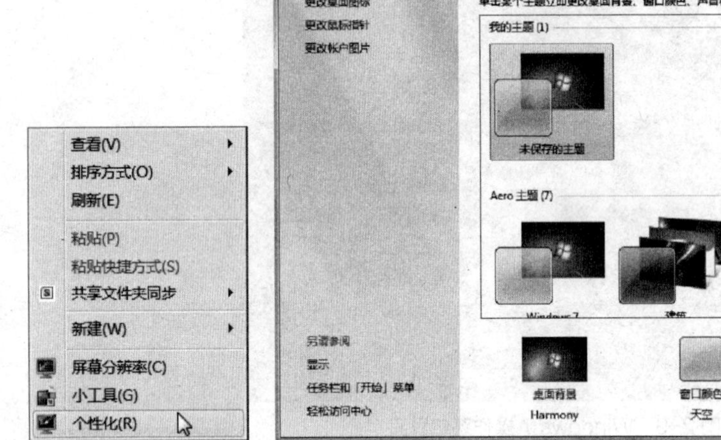

图 2-10　快捷菜单　　　　图 2-11　“个性化”窗口

（3）在打开的“桌面背景”窗口中单击“浏览”按钮，在打开的对话框中选择“背景.jpg”文件所在的盘符和文件夹名，“背景.jpg”图片文件即出现在下面的列表框中，选择该图片，在桌面上即可实时预览显示效果。

（4）单击“图片位置”下拉按钮，在弹出的下拉列表中选择“拉伸”选项，可以设置图片在桌面上的显示方式，然后单击“保存修改”按钮。

2. 改变外观字体大小为大字体

改变外观（包括图标的文字）字体大小为大字体。

（1）打开“个性化”窗口，单击“显示”链接，打开“显示”窗口，如图 2-12 所示。

（2）单击选中“较大”单选按钮，最后单击“应用”按钮确认修改。

3. 设置屏幕分辨率为最大

（1）在桌面空白处右击，在弹出的快捷菜单中选择“屏幕分辨率”命令，打开“屏幕分辨率”窗口，如图 2-13 所示。

（2）单击“分辨率”下拉按钮，在弹出的下拉列表中拖动滑块将屏幕分辨率设置为最“高”一端，单击“应用”按钮即可。

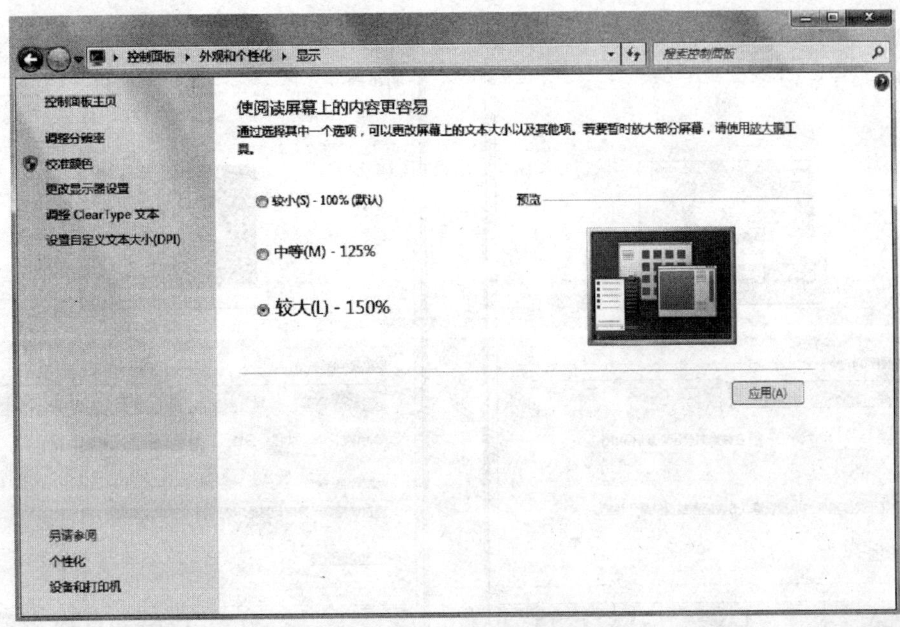

图 2-12　“显示”窗口

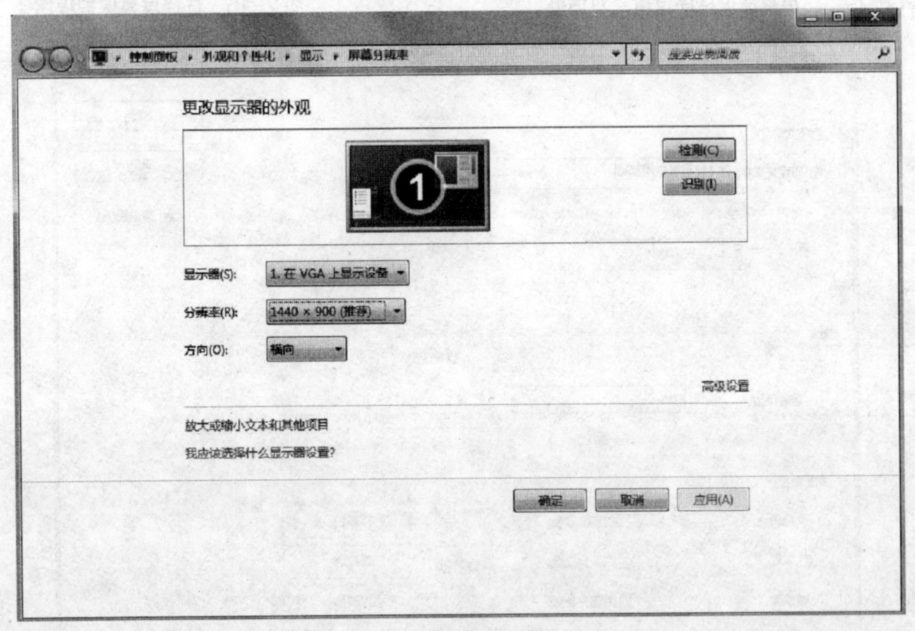

图 2-13　“屏幕分辨率”窗口

4. 设置屏幕保护程序

设置屏幕保护程序为三维文字，时间为 1 分钟。

（1）打开“个性化”窗口，单击“屏幕保护程序”链接，打开“屏幕保护程序设置”对话框，如图 2-14 所示。

（2）在“屏幕保护程序”下拉列表框中，选择“三维文字”选项，在该选项卡的显示器中可预览到该屏幕保护程序的显示效果，如图 2-15 所示。

（3）单击“设置”按钮，打开“三维文字设置”对话框，如图 2-16 所示，可对该屏幕保护程序进行相应设置，如重新输入文字等，单击“确定”按钮返回“屏幕保护程序设置”对话框。

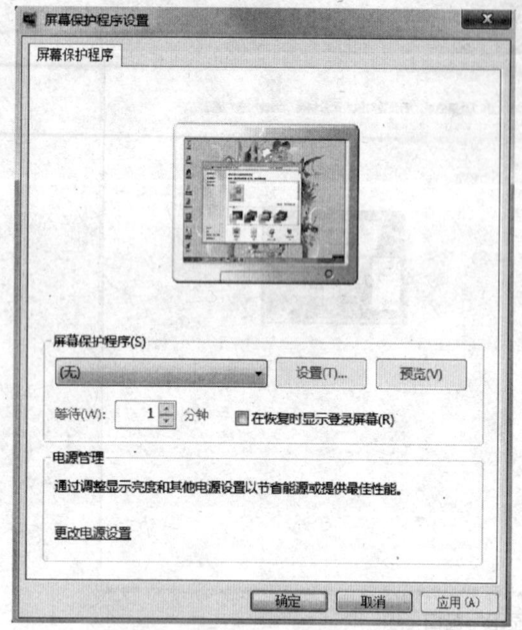

图 2-14 “屏幕保护程序设置”对话框

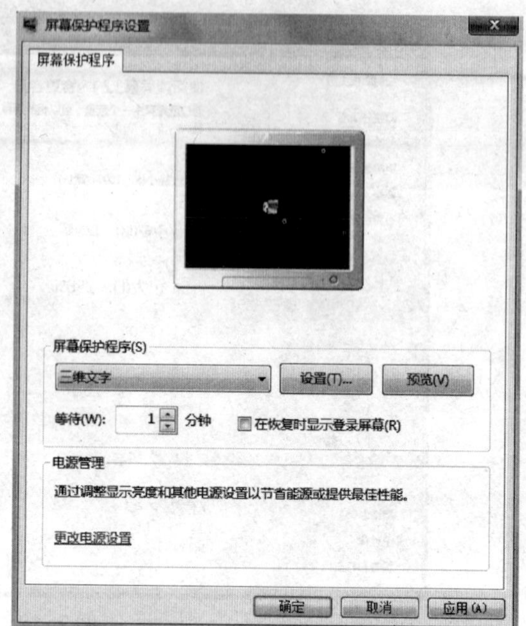

图 2-15 选择屏幕保护程序

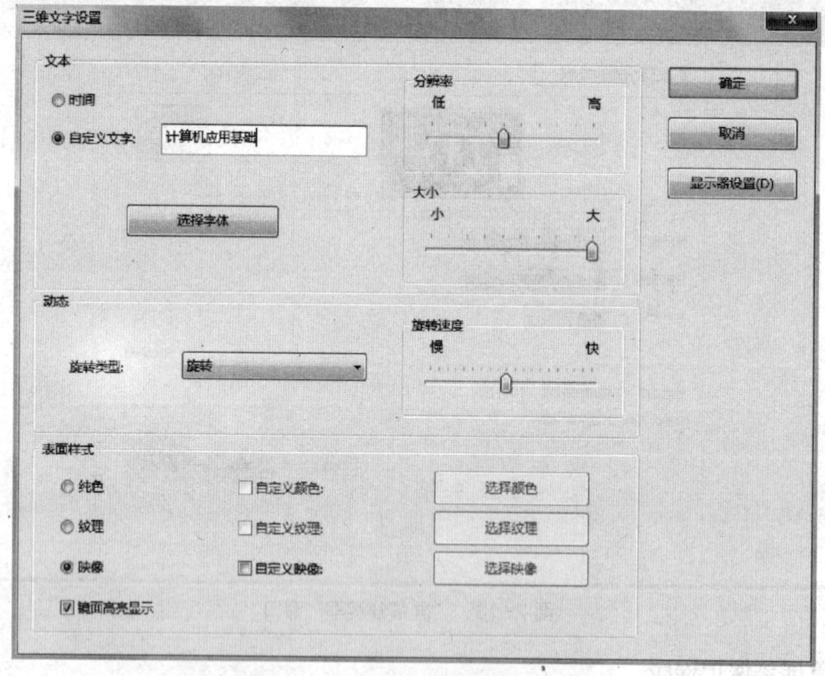

图 2-16 “三维文字设置”对话框

（4）单击“预览”按钮，可预览该屏幕保护程序的效果。

（5）在“等待”文本框中输入等待时间为 1 分钟，即计算机 1 分钟无人使用则启动该屏幕保护程序。

5. 排列窗口

打开 3 个窗口并对 3 个窗口进行“层叠”排列。

（1）打开“计算机”“Internet Explorer”和“画图”窗口。

（2）右击“任务栏”空白处，在弹出的快捷菜单中选择“层叠窗口”命令。

6. 在任务栏中添加快捷方式

在任务栏中添加 Word 和 Internet Explorer 的快捷方式。

（1）在桌面上右击应用程序快捷方式图标，在弹出的快捷菜单中选择“锁定到任务栏”命令，如图 2-17 所示，任务栏中即出现了该应用程序图标。

（2）在“开始”菜单中找到 Word 快捷方式图标，将其拖放到任务栏位置，即可在任务栏上建立 Word 应用程序的快捷方式。同理，将桌面上的 Internet Explorer 图标拖放到任务栏上，可以在任务栏上建立 Internet Explorer 的快捷方式，单击图标就能启动相应的应用程序。

7. 在任务栏中使用小图标按钮

右击任务栏任意空白处，在弹出的快捷菜单中选择“属性”命令，弹出“任务栏和「开始」菜单属性”对话框，将对话框中的“使用小图标”复选框设置为选中状态，单击“确定”按钮，如图 2-18 所示。

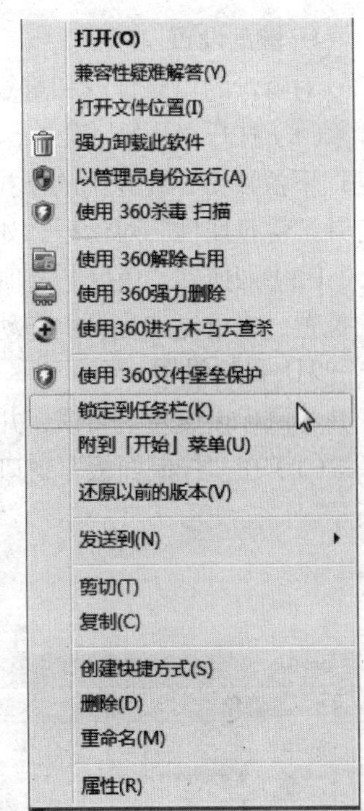

图 2-17 “锁定到任务栏”命令

8. 在“开始”菜单中添加快捷方式

要将桌面上的应用程序快捷方式添加到“开始”菜单，在桌面上右击应用程序图标，在弹出的快捷菜单中选择“附到「开始」菜单”命令，如图 2-19 所示，即可将应用程序的快捷方式添加到“开始”菜单。

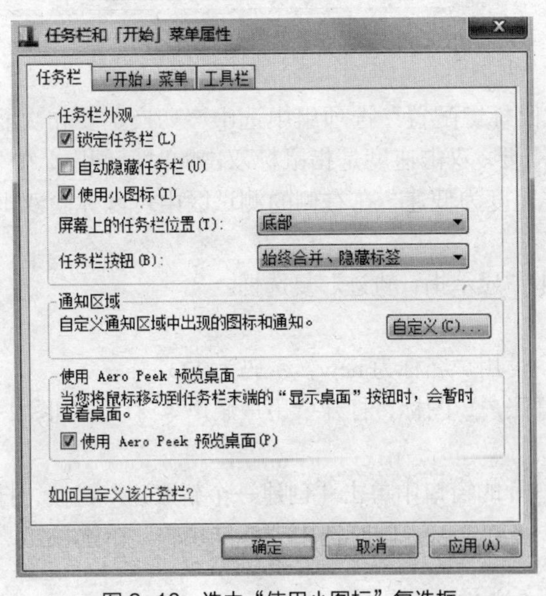

图 2-18 选中“使用小图标”复选框

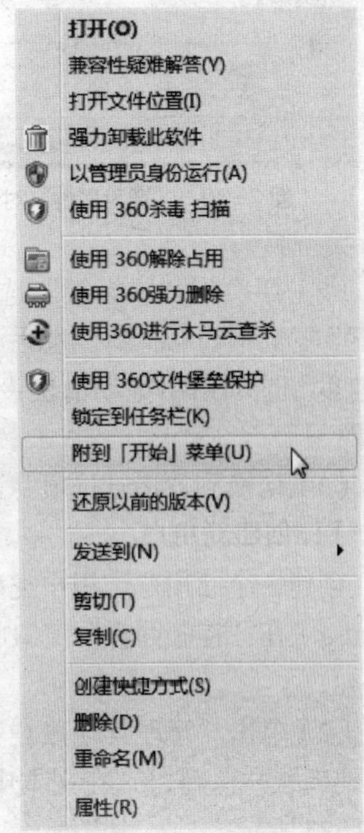

图 2-19 选择“附到「开始」菜单”命令

9. 键盘设置

对键盘的重复延迟和重复速度进行设置。

（1）打开“开始”菜单，选择“控制面板”命令，在打开的“控制面板”窗口中单击“类别”下拉按钮，在弹出的下拉列表中选择“小图标”或“大图标”选项，单击“键盘”图标打开“键盘属性”对话框，如图 2-20 所示。

（2）切换到“速度”选项卡，在“字符重复”选项组中将重复延迟滑块拖动到靠近“短”的位置，将重复速度滑块拖动到“快”的位置，然后在下面的文本框中测试按键效果。

10. 鼠标设置

将鼠标设成左手习惯，并且双击速度为低速，鼠标移动时显示轨迹。

（1）在“控制面板”窗口中，单击“鼠标”图标，打开“鼠标属性”对话框，如图 2-21 所示。

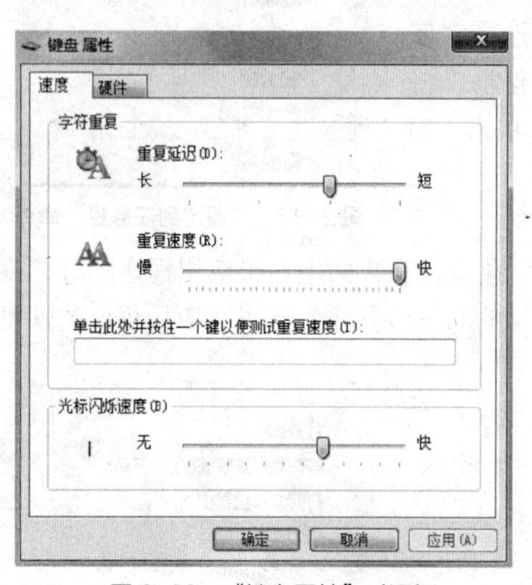

图 2-20 “键盘属性”对话框

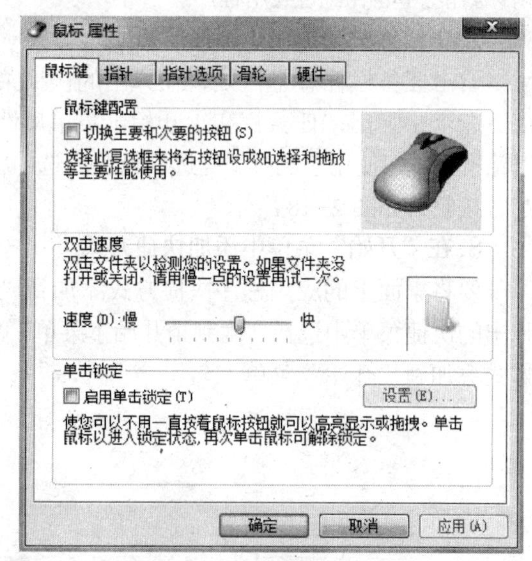

图 2-21 “鼠标属性”对话框

（2）切换到“鼠标键”选项卡，在“鼠标键配置”选项组中选中“切换主要和次要的按钮”复选框，可以满足左手习惯的用户需要。双击速度是指鼠标双击的时间间隔，在“双击速度”选项组中拖动滑块设置鼠标双击速度为低速，在右侧的测试区中可以体验双击的效果。

（3）切换到“指针选项”选项卡，选中“显示指针轨迹”复选框。

11. 创建新用户

创建一个新用户，用户类型为受限用户，用户名称为 new，密码为 123。

（1）在“控制面板”窗口中单击“用户账户”图标，打开“用户账户”窗口，如图 2-22 所示。

（2）单击“管理其他账户”链接，在打开的窗口中单击“创建一个新账户”链接，打开“创建新账户”窗口，在文本中输入新账户名称 new，同时选中“标准用户”单选按钮，如图 2-23 所示。

（3）单击“创建账户”按钮，则名称为 new 的账户创建成功，如图 2-24 所示。

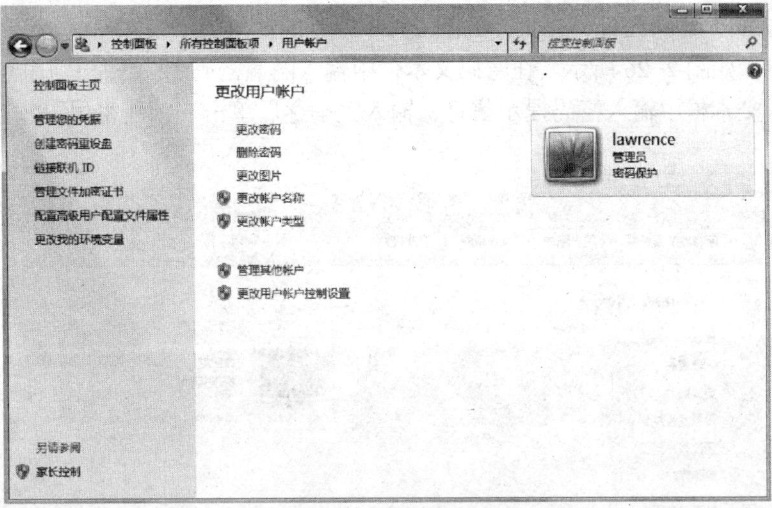

图 2-22 “用户账户”窗口

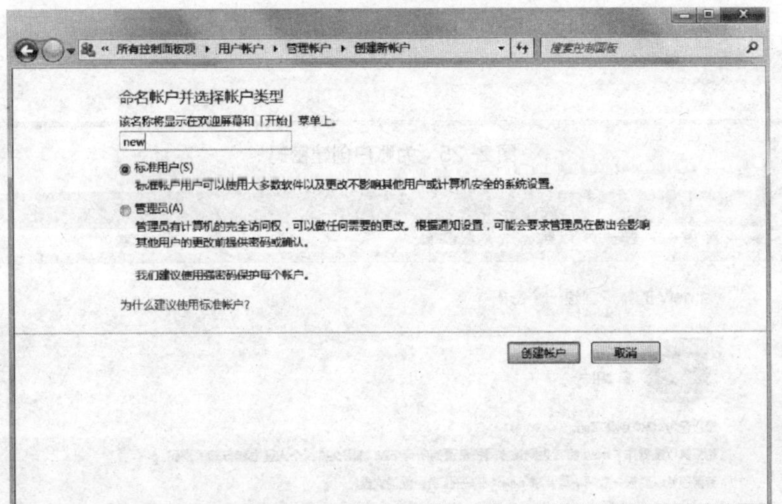

图 2-23 创建一个新账户

图 2-24 新账户创建成功

（4）单击 new 账户图标，在打开的图 2-25 所示的窗口中单击“创建密码”链接，打开创建密码窗口，如图 2-26 所示。在密码文本框中输入两遍密码 123，为了防止忘记密码，可以在密码提示文本框中输入密码提示信息，输入完毕之后单击“创建密码”按钮，密码创建完成。

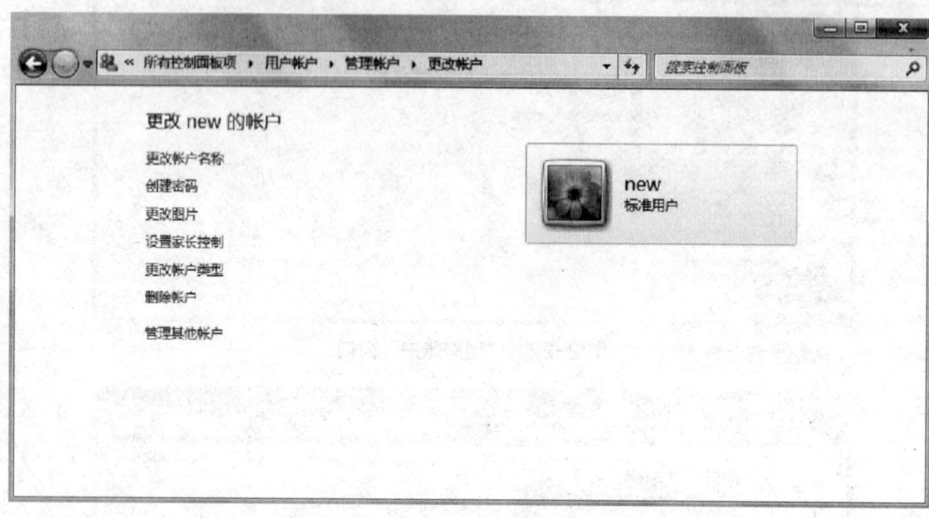

图 2-25　为账户创建密码

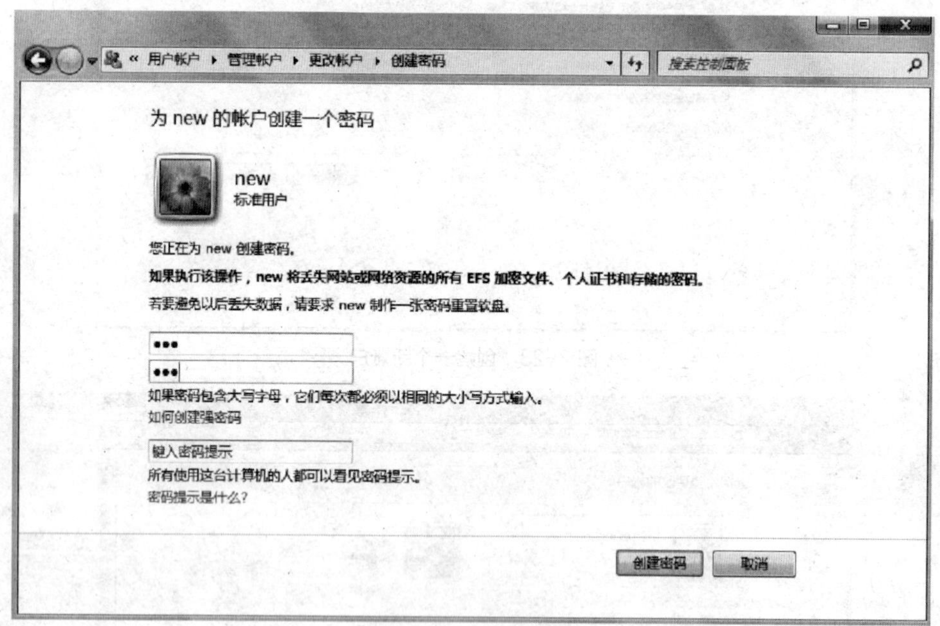

图 2-26　创建密码

12. 更改账户名称和密码

将 new 账户名称改为 user，密码改为 654321。

在图 2-25 所示的窗口中单击“更改账户名称”链接，在打开的窗口中设置自己的新账户名称即可。同样，单击“创建密码”链接，打开创建密码窗口，在密码文本框中重新输入两遍新的密码 654321。为了防止遗忘密码，可以在密码提示文本框中输入密码提示信息，输入完毕之后单击“创建密码”按钮，密码更改完成。

13. 系统日期和时间设置

打开“控制面板”窗口，单击“日期和时间”图标，打开“日期和时间”对话框，如图 2-27 所示。将系统日期和时间设置为当前日期和时间。

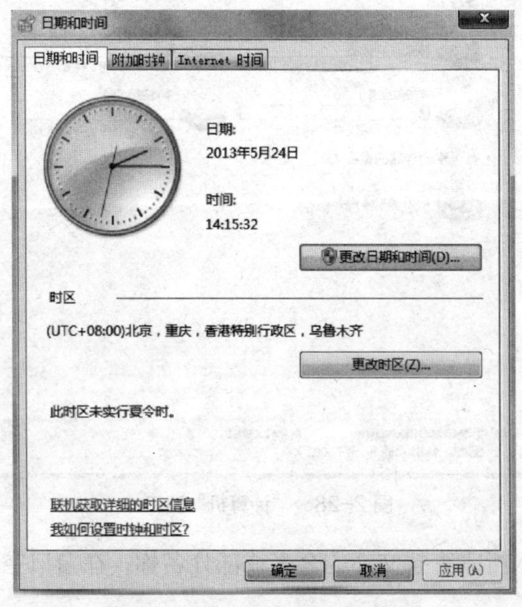

图 2-27 “日期和时间”对话框

实验指导 3 掌握 Windows 7 的进一步操作

实验目的

(1) 掌握建立新文件夹的操作。
(2) 掌握文件与文件夹重命名的方式。
(3) 掌握文件与文件夹复制与移动的方法。
(4) 掌握文件与文件夹的删除方法。

实验内容

(1) 查找文件与文件夹。
(2) 创建文件夹。
(3) 重新命名文件或文件夹。
(4) 选定文件与文件夹。
(5) 复制文件与文件夹。
(6) 移动文件与文件夹。
(7) 删除文件与文件夹等操作。

实验步骤

1. 查找文件与文件夹

(1) 打开“开始”菜单，选择“计算机”命令，打开“计算机”窗口，如图 2-28 所示。

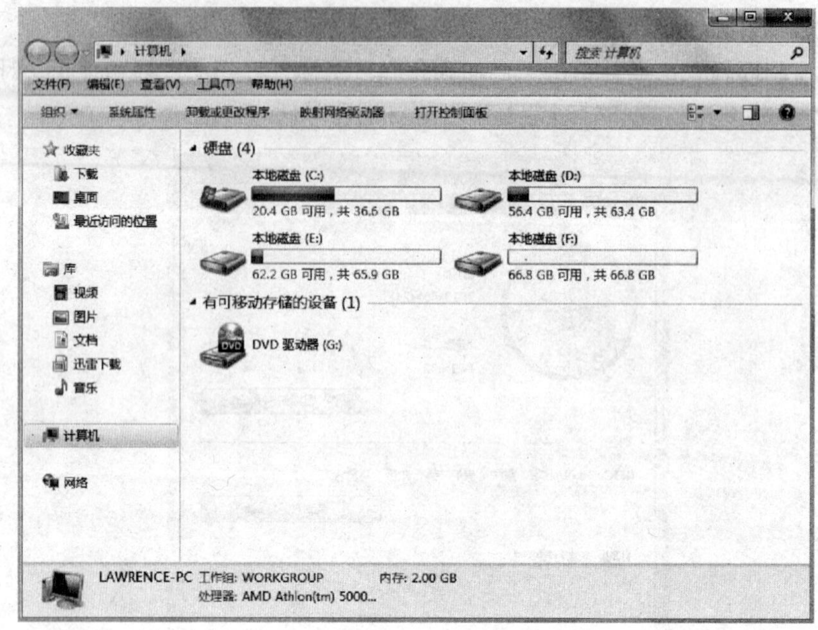

图 2-28 “计算机”窗口

（2）在搜索框中输入所需查找文件的全名或部分名称，在窗口空白处会实时显示搜索结果，如图 2-29 所示。

图 2-29 实时显示的搜索结果

2. 创建文件夹

方法一：进入需要创建文件夹的窗口，执行“文件”→“新建”→“文件夹”命令，此时就可以观察到当前文件夹内容窗口中出现了一个新的文件夹图标，其名称为“新建文件夹”。

方法二：进入需要创建文件夹的窗口，右击，在弹出的快捷菜单中选择“新建”→“文件夹”命令，如图 2-30 所示，此时就可以观察到当前文件夹内容窗口中出现了一个新的文件夹图标，其名称为“新建文件夹”。

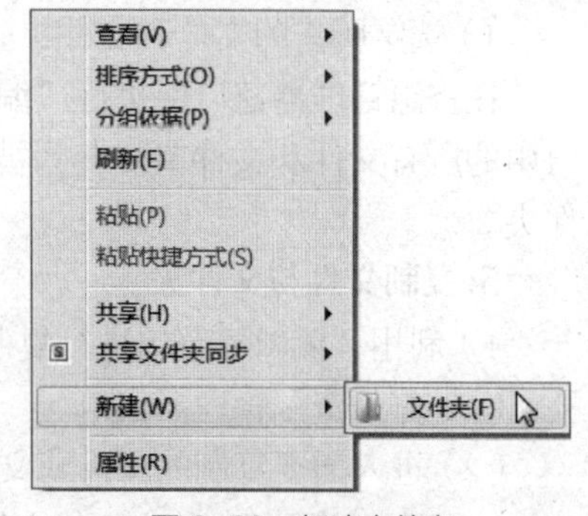

图 2-30 新建文件夹

3. 重新命名文件或文件夹

方法一：选择需要重新命名的文件或文件夹，右击，在弹出的快捷菜单中选择“重命名”命令，则其文件名变为可编辑状态，此时输入新的名称，按 Enter 键确认或单击任意空白处，如图 2-31 所示。

方法二：选择需要重新命名的文件或文件夹，执行“文件”→“重命名”命令，也可修改文件或文件夹的名字。

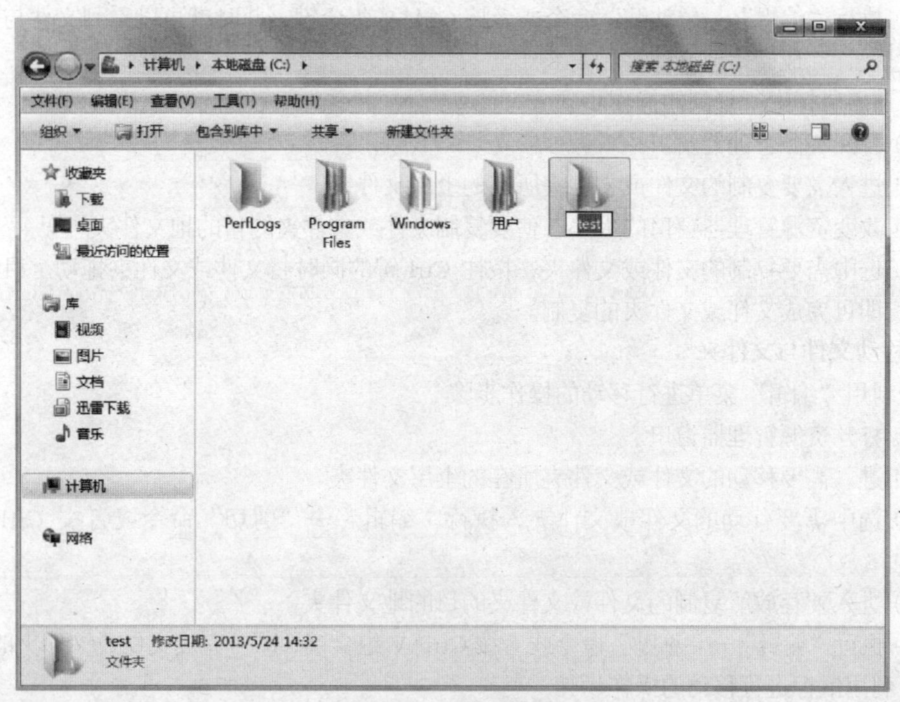

图 2-31 重命名文件夹

方法三：选择需要重新命名的文件或文件夹，按 F2 键，也可修改文件或文件夹的名字。

4. 选定文件与文件夹

1）选定单个文件或文件夹

在资源管理器窗口右半部分的内容窗口中单击需要选定的文件或文件夹，其图标变为选中状态，单击窗口任意空白处可取消选中该文件或文件夹。

2）选定一组连续排列的文件或文件夹

在资源管理器窗口右半部分的内容窗口中单击需要选定的第一个文件或文件夹，按住 Shift 键，将鼠标指针移动到需要选择的最后一个文件或文件夹并单击，可选中一组连续排列的文件或文件夹。单击窗口任意空白处可取消选中该组文件或文件夹。

3）选定一组非连续排列的文件或文件夹

按住 Ctrl 键的同时，单击每个需要选定的文件或文件夹的图标，可选中一组非连续排列的文件或文件夹。单击窗口任意空白处可取消选中该组文件或文件夹。

4）选定所有的文件和文件夹

在资源管理器窗口中执行“编辑”→“全选”命令，或者直接按 Ctrl+A 组合键，则该窗口中的所有文件和文件夹均变为被选中状态。单击窗口任意空白处可取消选中所有文件和文件夹。

5. 复制文件与文件夹

1）利用“编辑”菜单进行复制的操作步骤

（1）打开资源管理器窗口。

（2）进入需要复制的文件或文件夹所在的上层文件夹。

（3）选中需要复制的文件或文件夹，执行“编辑”→“复制”命令，或者按 Ctrl+C 组合键。

（4）进入要存放所复制的文件或文件夹的目的地文件夹。

（5）执行“编辑”→“粘贴”命令或者按 Ctrl+V 组合键，此时就可以看到文件与文件夹的复制过程，完成文件或文件夹的复制。

2）利用鼠标进行复制的操作步骤

（1）打开资源管理器窗口。

（2）进入需要复制的文件或文件夹所在的上层文件夹。

（3）改变资源管理器窗口的大小，使要复制文件或文件夹的目的地文件夹可见。

（4）选中需要复制的文件或文件夹，按住 Ctrl 键的同时将文件或文件夹拖动至目的地文件夹中，即可完成文件或文件夹的复制。

6. 移动文件与文件夹

1）利用“编辑”菜单进行移动的操作步骤

（1）打开资源管理器窗口。

（2）进入需要移动的文件或文件夹所在的上层文件夹。

（3）选中需要移动的文件或文件夹，执行“编辑”→“剪切”命令或者按 Ctrl+X 组合键。

（4）进入要存放所复制的文件或文件夹的目的地文件夹。

（5）执行“编辑”→“粘贴”命令或者按 Ctrl+V 组合键，即可完成文件或文件夹的移动。

2）利用鼠标进行移动的操作步骤

（1）打开资源管理器窗口。

（2）进入需要移动的文件或文件夹所在的上层文件夹。

（3）改变资源管理器窗口的大小，使要移动的文件或文件夹的目的地文件夹可见。

（4）选中需要移动的文件或文件夹，按住鼠标左键，将文件或文件夹拖动到目的地文件夹后释放鼠标按键，即可完成文件或文件夹的移动。

7. 删除文件与文件夹

方法一：选中需要删除的文件或文件夹，执行“文件”→“删除”命令，即可删除文件或文件夹。

方法二：选中需要删除的文件或文件夹，右击，在弹出的快捷菜单中选择“删除”命令，即可删除文件或文件夹。

方法三：改变资源管理器窗口的大小，使桌面上的“回收站”图标可见，选中需要删除的文件或文件夹，按住鼠标左键，将文件或文件夹拖动至回收站后释放鼠标按键，即可删除文件或文件夹。

习题

一、单选题

1. Windows 7 操作系统共包含（　　）个版本。

A. 4　　B. 5　　C. 6　　D. 7

2. 在 Windows 7 中，按下键盘上的 Windows 徽标键将（　　）。

A. 打开选定文件　　B. 关闭当前运行程序

C. 显示系统属性　　D. 显示开始菜单

3. 在 Windows 7 中，用右键单击某对象时，会弹出（　　）菜单。

A. 控制　　B. 快捷　　C. 应用程序　　D. 窗口

4. 在 Windows 7 中，要关闭当前应用程序，可按（　　）组合键。

A. Alt+F4　　B. Shift+F4　　C. Ctrl+F4　　D. Alt+F3

5.（　　）是 Windows 7 推出的第一大特色，它就是最近使用的项目列表，能够帮助用户迅速地访问历史记录。

A. 跳转列表　　B. Aero 特效　　C. Flip 3D　　D. Windows 家庭组

6. 在 Windows 系统中，“回收站”的内容（　　）。

A. 将被永久保留　　B. 不占用磁盘空间

C. 可以被永久删除　　D. 只能在桌面上找到

7. 在资源管理器窗口中，若要选定多个不连续的文件或文件夹，需要按（　　）键+单击。

A. Tab　　B. Shift　　C. Alt　　D. Ctrl

8. 在 Windows 7 的资源管理器窗口，以下方法中不能新建文件夹的是（　　）。

A. 执行“文件”→“新建”→“文件夹”命令

B. 从快捷菜单选择“新建”→“文件夹”命令

C. 执行“组织”→“布局”→“新建”命令

D. 单击“新建文件夹”命令按钮

9. 在 Windows 7 中，选择全部文件夹或文件的组合键是（　　）。

A. Shift+A　　B. Ctrl+A　　C. Shift+S　　D. Ctrl+S

10. 在 Windows 7 的资源管理器窗口中，如果希望显示经典风格的“文件”菜单，可按（　　）键。

A. Shift　　B. Ctrl　　C. Alt　　D. F1

11. 在 Windows 7 的资源管理器窗口中，利用导航窗格可以快捷地在不同的位置之间进行浏览，但该窗格一般不包括（　　）部分。

A. 收藏夹　　B. 库　　C. 计算机　　D. 网上邻居

12. 在 Windows 7 的下列操作中，不能创建应用程序快捷方式的操作是（　　）。

A. 直接拖曳应用程序到桌面　　B. 在对象上单击鼠标右键

C. 用鼠标右键拖曳对象　　D. 在目标位置单击鼠标左键

13. 若要快速查看桌面小工具和文件夹，而又不希望最小化所有打开的窗口，可以使用（　　）功能。

A. Aero Snap　　B. Aero Shake　　C. Aero Peek　　D. Flip 3D

14. 使用（　　）功能可以快速查看其他打开的窗口，而无须在当前正在使用的窗口外单击。

A. Aero Snap　B. Aero Shake　C. Aero Peek　D. Flip 3D

15. 使用（　　）功能可以让两个窗口平分整个屏幕的面积，并左右排列在一起。

A. Aero Snap　B. Aero Shake　C. Aero Peek　D. Jump List

16. 如果只希望保留当前正在使用的窗口，而不希望逐个最小化所有其他打开的窗口，可以使用（　　）功能。

A. Aero Snap　B. Aero Shake　C. Aero Peek　D. Flip 3D

17. 在 Windows 7 的休眠模式下，系统的状态是（　　）的。

A. 保存在 U 盘中　B. 保存在硬盘中

C. 保存在内存　D. 不被保存

18. （　　）不是可选用的桌面上 3 种窗口排列形式之一。

A. 层叠　B. 透明显示　C. 堆叠显示　D. 并排显示

19. Windows 7 的桌面主题注重的是桌面的（　　）。

A. 颜色　B. 显示风格　C. 局部个性化　D. 整体风格

20. 桌面图标实质上是（　　）。

A. 程序　B. 文本文件　C. 快捷方式　D. 文件夹

21. Windows 7 资源管理器窗口要显示菜单栏，可以按（　　）键。

A. Alt　B. Ctrl　C. Shift　D. F1

22. Windows 7 系统通用桌面图标有 5 个，但不包含（　　）键。

A. 计算机　B. 用户的文件　C. 控制面板　D. IE 浏览器

23. 在资源管理器上，用鼠标左键将应用程序文件拖曳到桌面的结果是（　　）到桌面。

A. 复制该程序文件　B. 移动该程序文件

C. 生成快捷方式　D. 没任何内容

24. 如果要暂时离开计算机且不希望让别人使用计算机时，可以选择（　　）。

A. 关机　B. 重新启动　C. 睡眠　D. 锁定

25. 如果要新增或删除程序，可以在控制面板上选用（　　）功能。

A. 系统和安全　B. 硬件和声音　C. 程序　D. 外观及个性化

二、多选题

1. 以下 Windows 7 版本中，不能支持 Aero 特效的有（　　）。

A. Windows 7 Starter　B. Windows 7 Home Basic

C. Windows 7 Home Premium　D. Windows 7 Ultimate

2. 在“开始”菜单“搜索”框中一经键入搜索项文本，被搜索对象的（　　）中的任何文字与搜索项匹配就会被作为搜索结果显示。

A. 标题　B. 内容　C. 属性　D. 图片

3. 在 Windows 7 中，可通过（　　）来关闭窗口。

A. 单击窗口右上角的“关闭窗口”按钮

B. 按快捷键 Alt+Tab

C. 按快捷键 Alt+F4

D. 按快捷键 Alt+F5

4. Windows 7 的新功能包括（　　）。

A. 更适合便携式计算机　　B. 跳转列表

C. 更易于使用 Windows 方式　　D. 更好的设备管理

5. 下列属于文件列表排列方式的有（　　）。

A. 名称　　B. 修改日期　　C. 类型　　D. 大小

三、填空题

1. 在 Windows 7 中，通过 Aero________功能可以直观地看到每个窗口的大小和相对位置。

2. 在 Windows 7 中，通过 Aero________功能可以在垂直方向上最大化，水平方向保持不变。

3. 在 Windows 7 中，网络设置引入了一项新功能，即________，可以使拥有多台计算机的家庭更方便地共享视频、音乐、文档及打印机等。

4. 在 Windows 7 中，借助________，可以快速找到最近使用的文件。

5. 按________可以将当前活动窗口的界面录入剪贴板。

6. 在 Windows 7 中，按 Windows 徽标键+________可快速打开投影管理窗口。

7. Windows 7 启动后，系统进入全屏幕区域，整个屏幕区域称为________。

8. 在 Windows 7 的默认设置中，当用户打开多个窗口时，一定会在任务按钮区组合为一个________。

9. Windows 7 可以设置桌面图标的大小，除了选择“查看 / 大（中、小）图标”命令外，还可以在桌面任何位置采用 Ctrl+________鼠标滚轮的方法自由缩放设置。

10. 在 Windows 7 中，各个应用程序之间可通过________交换信息。

PART 3 模块 3 Word 2013 的应用

实验指导 1　学会简单文档的制作

实验目的

（1）掌握文本录入、文本选择和文档保存的方法。

（2）掌握文档中字符格式的设置，包括字体、字号和文字颜色。

（3）学会段落格式的设置，包括首行缩进、段前和段后间距、段落的底纹等设置。

（4）学会项目符号和编号的设置方法。

（5）了解页眉的设置方法。

实验内容

制作一个旅游公司简介的文档，效果如图 3-1 所示。

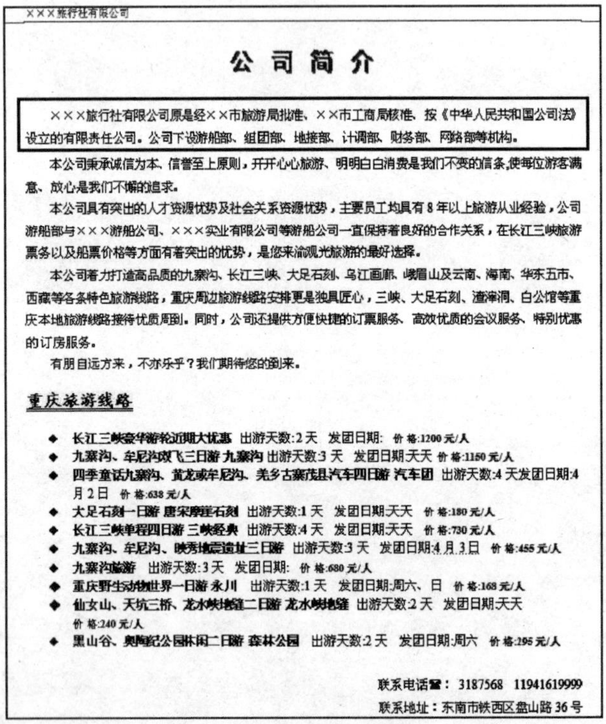

×××旅行社有限公司

公 司 简 介

×××旅行社有限公司原是经××市旅游局批准、××市工商局核准、按《中华人民共和国公司法》设立的有限责任公司。公司下设游船部、组团部、地接部、计调部、财务部、网络部等机构。

本公司秉承诚信为本、信誉至上原则，开开心心旅游、明明白白消费是我们不变的信条,使每位游客满意、放心是我们不懈的追求。

本公司具有突出的人才资源优势及社会关系资源优势，主要员工均具有 8 年以上旅游从业经验，公司游船部与×××游船公司、×××实业有限公司等游船公司一直保持着良好的合作关系，在长江三峡旅游票务以及船票价格等方面有着突出的优势，是您来渝观光旅游的最好选择。

本公司着力打造高品质的九寨沟、长江三峡、大足石刻、乌江画廊、峨眉山及云南、海南、华东五市、西藏等各条特色旅游线路，重庆周边旅游线路安排更是独具匠心，三峡、大足石刻、渣滓洞、白公馆等重庆本地旅游线路接待优质周到。同时，公司还提供方便快捷的订票服务、高效优质的会议服务、特别优惠的订房服务。

有朋自远方来，不亦乐乎？我们期待您的到来。

<u>重庆旅游线路</u>

- **长江三峡豪华游轮近期大优惠** 出游天数:2 天　发团日期:　价 格:1200 元/人
- **九寨沟、牟尼沟双飞三日游 九寨沟** 出游天数:3 天　发团日期:天天　价 格:1150 元/人
- **四季童话九寨沟、黄龙或牟尼沟、羌乡古寨茂县汽车四日游 汽车团** 出游天数:4 天发团日期:4 月 2 日　价 格:638 元/人
- **大足石刻一日游 唐宋摩崖石刻** 出游天数:1 天　发团日期:天天　价 格:180 元/人
- **长江三峡单程四日游 三峡经典** 出游天数:4 天　发团日期:天天　价 格:730 元/人
- **九寨沟、牟尼沟、映秀地震遗址三日游** 出游天数:3 天　发团日期:4 月 3 日　价 格:455 元/人
- **九寨沟旅游** 出游天数:3 天　发团日期:　价 格:680 元/人
- **重庆野生动物世界一日游 永川** 出游天数:1 天　发团日期:周六、日　价 格:168 元/人
- **仙女山、天坑三桥、龙水峡地缝二日游 龙水峡地缝** 出游天数:2 天　发团日期:天天　价 格:240 元/人
- **黑山谷、奥陶纪公园休闲二日游 森林公园** 出游天数:2 天　发团日期:周六　价 格:295 元/人

联系电话☎：3187568　11941619999

联系地址：东南市铁西区盘山路 36 号

图 3-1　旅游公司简介样文

具体排版格式要求如下。

（1）标题“公司简介”为“黑体，加粗，二号”，字体颜色为蓝色，效果为阴影，段前段后间距为1行，居中对齐。

（2）正文5段为“宋体，五号”，段落对齐方式为两端对齐，单倍行距。

（3）第一段正文加边框，边框颜色为蓝色，边框粗细为3磅。

（4）小标题“重庆旅游线路”为“楷体，小三号”，字体颜色为蓝色，加双下划线，左对齐，段前、段后间距各为0.5行，底纹颜色为黄色。

（5）所有旅游项目和价格的字体颜色均为橙色，并为10条“旅游线路”设置项目符号。

（6）“联系电话”和“联系地址”的对齐方式为右对齐。

（7）页眉设置为“×××旅行社有限公司”，字号为小五号，左对齐。

（8）保存文件到D盘。

1. 录入文本

启动Word 2013，录入公司简介的文字，其中需要插入符号，具体步骤如下。

（1）在“插入”选项卡的“符号”组中单击“符号”下拉按钮，在弹出的下拉列表中选择“其他符号”命令，如图3-2所示，打开“符号”对话框。

（2）切换到“符号”选项卡，在“字体”下拉列表框中选择“Wingdings”选项，然后选择符号，单击“插入”按钮，如图3-3所示。

图3-2 插入符号

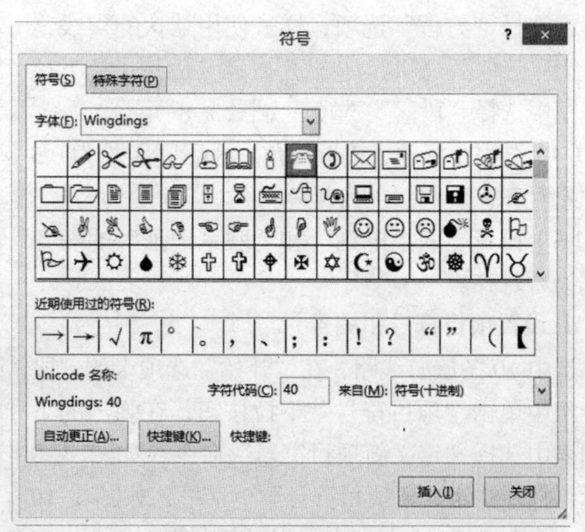

图3-3 “符号”对话框

2. 设置字体格式

（1）选中标题“公司简介”，在“开始”选项卡中设置字体为“黑体，加粗，二号”，字体颜色为蓝色，如图3-4所示；单击“字体”组的组按钮，打开“字体”对话框，在其中设置字体效果为阴影。

（2）选中正文的5段文本，设置为“宋体，五号”。

（3）将小标题“重庆旅游线路”设置为“楷体，小三号”，字体颜色为蓝色，加双下划线。

（4）选中第一个旅游项目名称，按住Ctrl键的同时拖动鼠标依次选中所有旅游项目和价格，并将字体颜色设置为橙色。

3. 段落格式设置

（1）选中标题文本，切换到“页面布局”选项卡，设置段前、段后间距均为“1 行”，如图 3-5 所示，居中对齐。

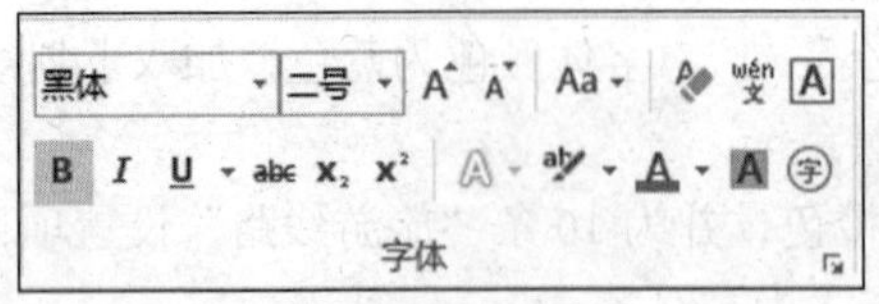

图 3-4　字体设置

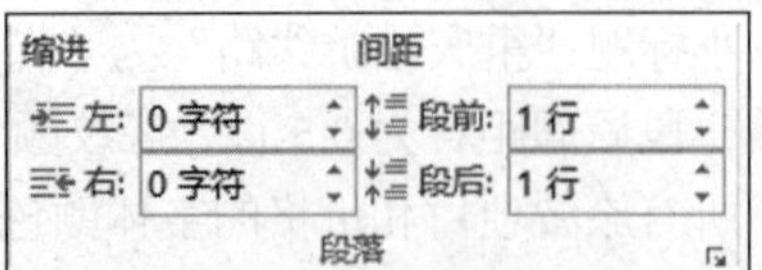

图 3-5　段落设置

（2）选中正文的 5 个自然段，在“开始”选项卡的“段落”组中单击组按钮，打开“段落”对话框，从中设置特殊格式为“首行缩进”，磅值为“2 字符”，行距为“单倍行距”，段落对齐方式为“两端对齐”，如图 3-6 所示。

（3）选中第一段正文，切换到“开始”选项卡，单击“段落”组中的“下框线”下拉按钮，在弹出的下拉列表中选择“边框和底纹”命令，如图 3-7 所示，打开“边框和底纹”对话框。在“设置”选项组中选择“方框”选项，样式使用默认的实线，颜色为“蓝色”，宽度为“3 磅”，在“应用于”下拉列表框中选择“段落”选项，如图 3-8 所示。

（4）选中小标题，设置段前、段后间距均为 0.5 行，左对齐，底纹颜色为黄色。

（5）设置“联系电话”和“联系地址”的对齐方式为右对齐。

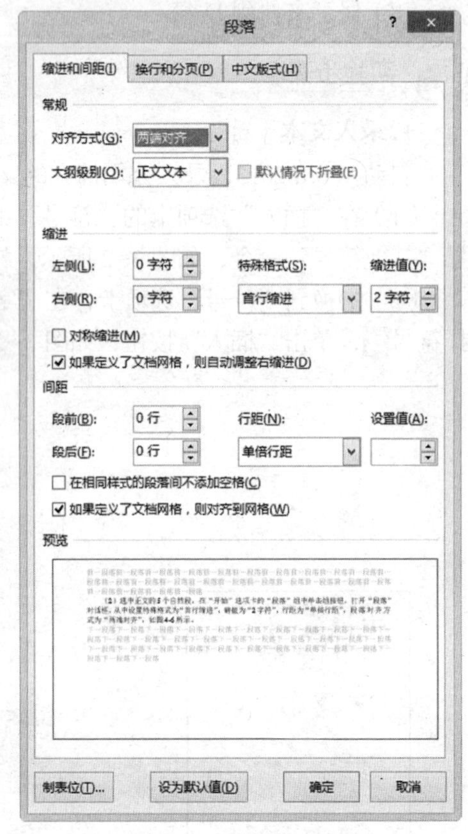

图 3-6　“段落”对话框

4. 设置项目符号和编号

选中 10 条旅游线路，在“开始”选项卡的“段落”组中单击“项目符号”下拉按钮，在弹出的下拉列表中选择“定义新项目符号”命令，如图 3-9 所示，打开“定义新项目符号”对话框，如图 3-10 所示。单击“符号”按钮，打开“符号”对话框，在其中选择合适的项目符号，然后单击“确定”按钮回到“定义新项目符号”对话框；单击“字体”按钮，在打开的“字体”对话框中选择颜色为“橙色”。在“定义新项目符号”对话框中还可以选择新形状的项目符号，或者用图片表示项目符号。

5. 设置页眉

切换到“插入”选项卡，在“页眉和页脚”组中单击“页眉”下拉按钮，在弹出的下拉列表中选择“空白”选项，如图 3-11 所示，在页眉位置输入文字“×××旅行社有限公司”，设置字号为小五号，对齐方式为左对齐，如图 3-12 所示。双击正文中的任意位置回到正文编辑状态。

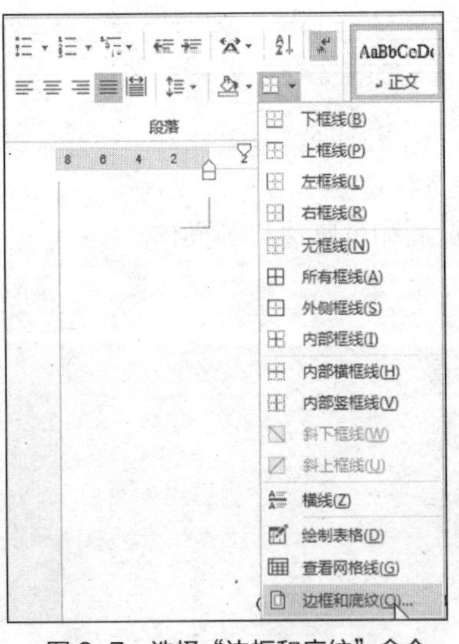

图 3-7 选择“边框和底纹”命令

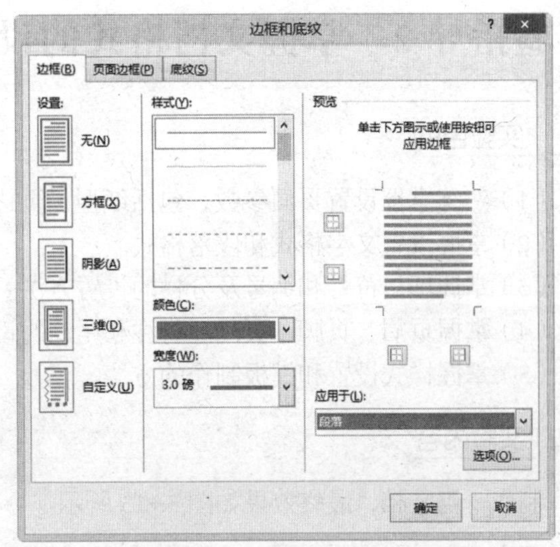

图 3-8 “边框和底纹”对话框

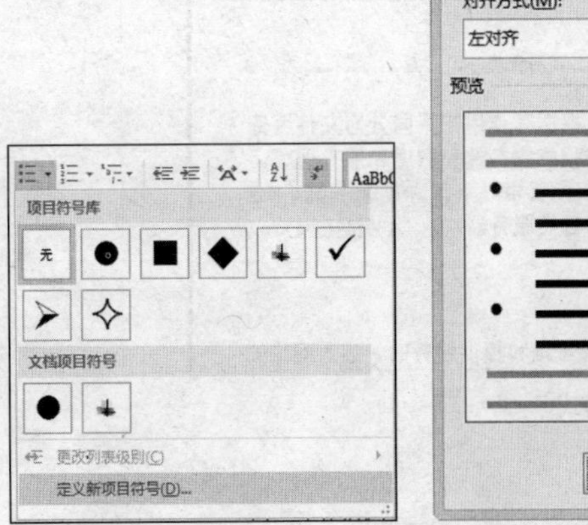

图 3-9 项目符号

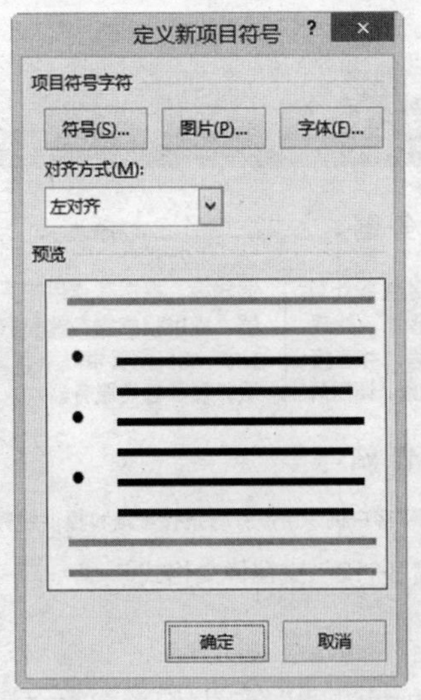

图 3-10 定义新的项目符号

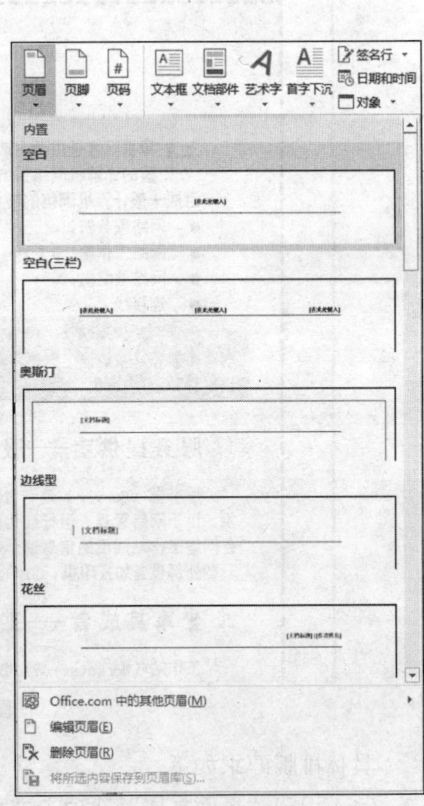

图 3-11 插入页眉

6. 保存文件

单击快速访问工具栏中的“保存”按钮，在打开的“另存为”对话框中设置文件保存位置为“D:\”，输入文件名“旅游公司简介”，单击“保存”按钮即可。

图 3-12 页眉文字及格式

实验指导 2　掌握文档格式的设置

实验目的

（1）熟练掌握设置页面参数，包括纸型、页边距、页眉和页脚边界等操作。

（2）掌握设置文字格式和段落格式。

（3）掌握项目符号和编号及分栏的设置方法。

（4）掌握页眉、页脚、页码、脚注和尾注的设置方法。

（5）掌握样式设置和模板制作的方法。

实验内容

制作一篇文档，最终效果如图 3-13 所示。

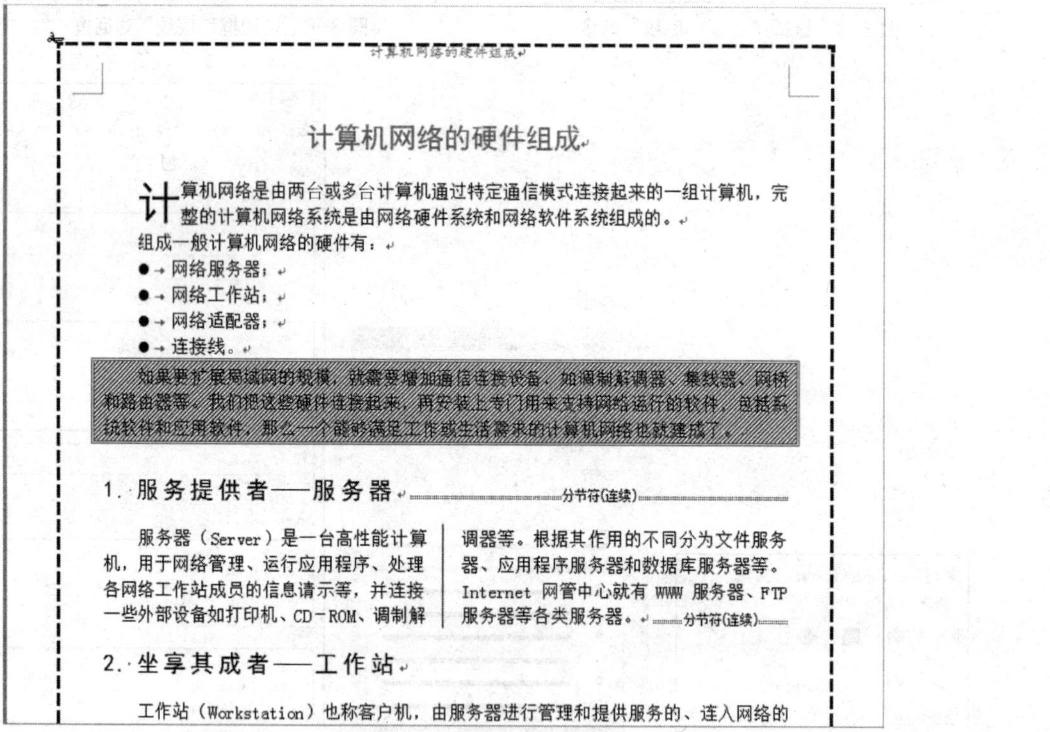

计算机网络的硬件组成

计算机网络的硬件组成

计算机网络是由两台或多台计算机通过特定通信模式连接起来的一组计算机，完整的计算机网络系统是由网络硬件系统和网络软件系统组成的。

组成一般计算机网络的硬件有：

- 网络服务器；
- 网络工作站；
- 网络适配器；
- 连接线。

如果要扩展局域网的规模，就需要增加通信连接设备，如调制解调器、集线器、网桥和路由器等。我们把这些硬件连接起来，再安装上专门用来支持网络运行的软件，包括系统软件和应用软件，那么一个能够满足工作或生活需求的计算机网络也就建成了。

1. 服务提供者——服务器 分节符(连续)

服务器（Server）是一台高性能计算机，用于网络管理、运行应用程序、处理各网络工作站成员的信息请示等，并连接一些外部设备如打印机、CD-ROM、调制解调器等。根据其作用的不同分为文件服务器、应用程序服务器和数据库服务器等。Internet 网管中心就有 WWW 服务器、FTP 服务器等各类服务器。分节符(连续)

2. 坐享其成者——工作站

工作站（Workstation）也称客户机，由服务器进行管理和提供服务的、连入网络的

图 3-13　文档样文格式

具体排版要求如下。

（1）识记“页面布局”选项卡“页面设置”组中相关参数的设置。

（2）识记“开始”选项卡中有关“字体”功能分组参数的设置。

① 选定要设置字体格式的文字并右击，在弹出的快捷菜单中选择“字体”命令。

② 切换到“开始”选项卡，在“字体”组中设置常用的选项。

③ 在“字体”组中单击“对话框启动器”按钮，打开“字体”对话框。

（3）识记“开始”选项卡中有关“段落”组中参数的设置。

① 选定要设置段落格式的文字并右击，在弹出的快捷菜单中选择“段落”选项。

② 切换到“开始”选项卡，在“段落”组中设置常用的选项。

③ 在“段落”组中单击“对话框启动器”按钮，打开“段落”对话框。

（4）识记项目符号和编号的设置方法。

（5）识记“分栏”对话框中的有关参数。打开方法：切换到“页面布局”选项卡，在“页面设置”组中单击“分栏”下拉按钮，在弹出的下拉列表中选择相应的分栏选项，或者单击“更多分栏”选项，在弹出的对话框中设置相关参数。

（6）识记“插入”选项卡“页眉和页脚”组中“页眉”“页脚”和“页码”的设置。

实验步骤

1. 设置文字和段落参数

（1）将文章的标题“计算机网络的硬件组成”设置为：首行无缩进，居中，黑体，红色，三号字，段前0.5行，段后0.5行。

① 选中“计算机网络的硬件组成”行，切换到“开始”选项卡，在“段落”组中单击“对话框启动器”按钮，弹出“段落”对话框。

② 在“特殊格式”下拉列表框中选择“无”选项，即首行无缩进，在“对齐方式”下拉列表框中选择“居中”选项，在“间距”选项组的“段前”和“段后”数值框中输入或设置相应的间距为0.5行，设置完后单击“确定”按钮。

③ 在“开始”选项卡的“字体”组中将文本字体和字号设置为“黑体，三号字”，设置文字颜色为“红色”。用户也可以通过单击“字体”组中的“对话框启动器”按钮，打开图3-14所示的设置“字体”对话框，在“中文字体”下拉列表框中选择“黑体”选项，在“字号”列表框中选择“三号”选项，在“字体颜色”下拉列表框中选择“红色”选项。

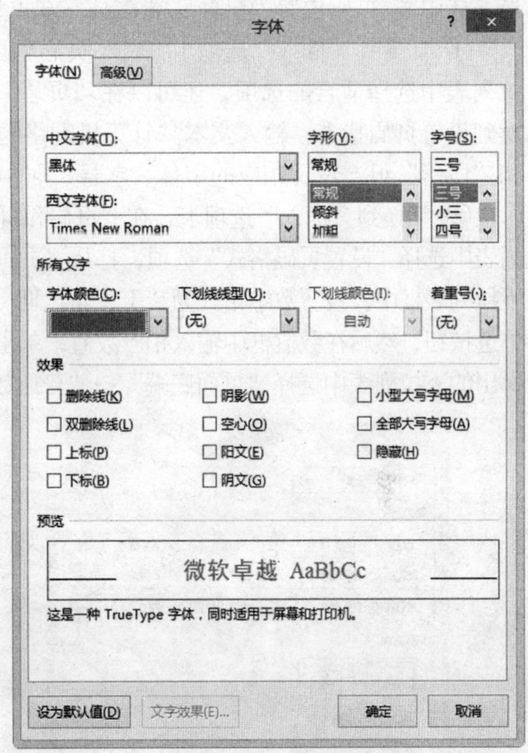

图3-14 字体格式设置

（2）将小标题（1.服务提供者——服务器，2.坐享其成者——工作站）设置为段前0.6行，段后0.3行，黑体，四号字。设置字符间距加宽1.5磅。

① 选中“1.服务提供者——服务器”，按照（1）中的操作，分别打开“段落”和“字体”对话框，设置相应文字和段落格式。单击图3-14所示对话框中的“高级”选项卡，设置“间距”为“加宽”，磅值为1.5磅；设置完毕后，单击“确定”按钮。

② 双击“开始”选项卡“剪贴板”组中的“格式刷”按钮，然后选中“2.坐享其成者——工作站”行，将刚设置的格式应用到“2. 坐享其成者——工作站”。

（3）其余部分（除标题和小标题以外部分）设置为：首行缩进2字符，行距为15磅，两端对齐，宋体，五号字。

选中相应部分，重复第（2）步操作即可。

2. 设置页面、页眉和页脚参数

（1）页面设置：纸型为16开，页边距上、下为2.1 cm，左、右为2 cm，页眉、页脚均为1 cm。

① 将插入点放置在文章中，切换到“页面布局”选项卡，在“页面设置”组中单击“纸张大小”下拉按钮，在下拉列表中选择纸型为“16开”。单击“页边距”下拉按钮，在弹出的下拉列表中选择“自定义边距”选项，打开“页面设置”对话框。切换到“页边距”选项卡，按要求分别设置上边距、下边距、左边距、右边距：“上”“下”为2.1 cm，“左”“右”为2 cm，如图3-15所示。切换到“版式”选项卡，在“页眉和页脚”选项组中，设置“页眉”和“页脚”均为1 cm。

② 切换到“纸张”选项卡，在“纸张大小”下拉列表框中选取纸型为“16开”，其他保持默认，然后单击“确定”按钮。

（2）设置页眉和页码：在页眉中输入文字“计算机网络的硬件组成”，格式为“楷体、五号、居中”。页码位置为页面底端，对齐方式为居中，编号格式为“Ⅰ，Ⅱ，Ⅲ…”。

① 切换到“插入”选项卡，在“页眉和页脚”组中单击“页眉”下拉按钮，在弹出的下拉列表中选择适合的选项，还可以在“页眉”下拉列表中选择“编辑页眉”选项，将自动切换到设置页眉状态，输入文本“计算机网络的硬件组成”，通过“开始”选项卡中的“字体”和“段落”组，设置相应的字体、字号、居中对齐等格式。

② 切换到“插入”选项卡，在“页眉和页脚”组中单击“页码”下拉按钮，在弹出的下拉列表中选择“设置页码格式”选项，打开“页码格式”对话框，如图3-16所示，在“编号格式”下拉列表框中，设置数字格式为“Ⅰ，Ⅱ，Ⅲ…”；在“页码编号”选项组中，选中“起始页码”单选按钮，然后在数值框中输入相应数值，单击“确定”按钮。再次单击“页码”下拉按钮，在弹出的下拉列表中选择“页面底端”→“普通数字2”选项，实现页码居中底端显示。

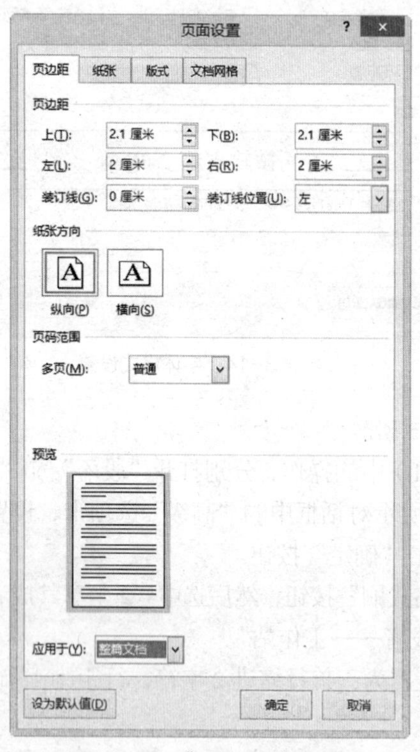

图3-15 “页面设置”对话框

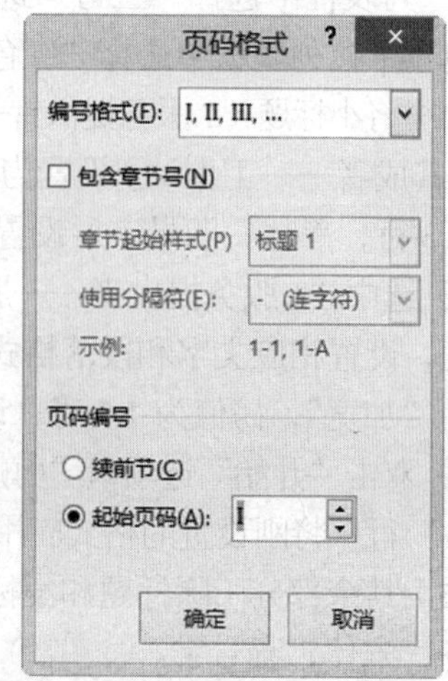

图3-16 “页码格式”对话框

提示

在“页面设置”对话框中进行设置时应注意：在“纸张”选项卡的“自定义大小”选项组中，可直接设置宽度和高度值，“纸张大小”下拉列表框中会自动变为“自定义大小”。

3. 设置项目符号和编号、分栏、首字下沉

（1）设置文章正文的第一段“首字下沉”，下沉 2 行，字体为黑体。

① 将插入点定位在正文第一段的任意位置处，切换到“插入”选项卡，在“文本”组中单击“首字下沉”下拉按钮，在弹出的下拉列表中选择“首字下沉”选项，弹出“首字下沉”对话框，如图 3-17 所示。

② 选择“位置”选项组中的“下沉”选项，设置“下沉行数”为 2，“字体”为“黑体”，然后单击“确定”按钮。

（2）设置文章正文中“网络服务器”“网络工作站”“网络适配器”和“连接线”为“圆形”项目符号。

第一种做法：选取要设置的所有目标段落，切换到“开始”选项卡，单击“段落”组中“项目符号”下拉按钮☰ ▾，在弹出的下拉列表中选择“•”选项即可。

第二种做法：选取要设置的所有目标段落并右击，在弹出的快捷菜单中选择“项目符号”→“定义新项目符号”命令，在弹出的对话框中单击“符号”按钮，在弹出的“符号”对话框中选择“•”选项即可。

（3）将文章正文中“1. 服务提供者——服务器”的所属部分分为两栏，栏宽相等，加分隔线。

① 选取要设置分栏的段落，切换到“页面布局”选项卡，在“页面设置”组中单击“分栏”下拉按钮，在弹出的下拉列表中选择“更多分栏”选项，弹出“分栏”对话框，如图 3-18 所示。

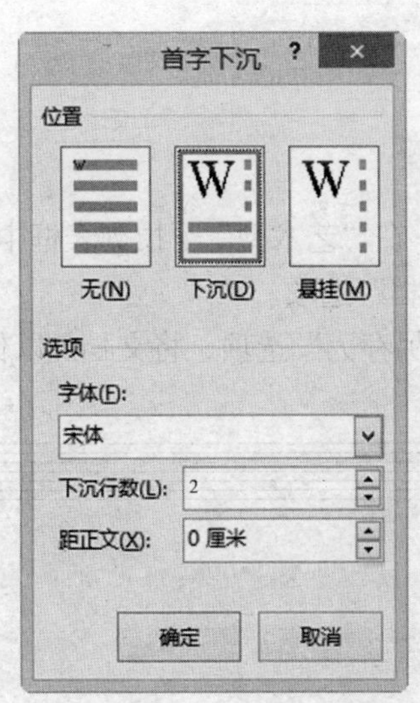

图 3-17　“首字下沉”对话框

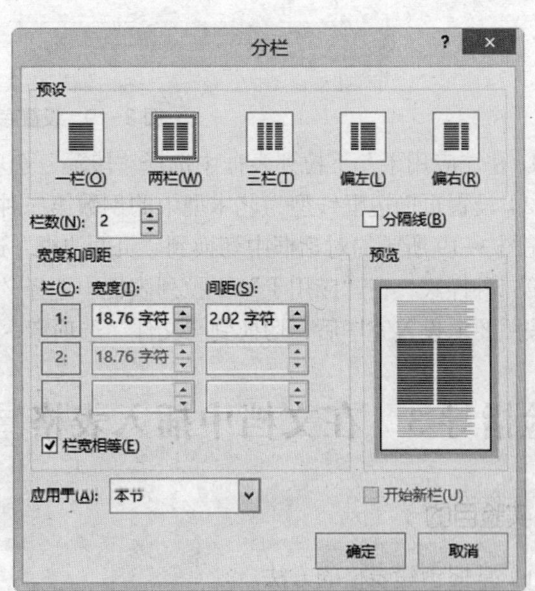

图 3-18　“分栏”对话框

② 在“预设”选项组中选择“两栏”选项，或在“栏数”数值框中设置为 2，依次设置栏宽，选中“栏宽相等”和“分隔线”两个复选框，单击“确定”按钮。

4. 设置边框和底纹

（1）将正文“如果要扩展局域网的规模，就需要……”段的内容设置为红色、0.5 磅、双线边框，“红色，强调文字颜色 2，淡色 80%”底纹，图案式样为“浅色上斜线”。

① 选中正文“如果要扩展局域网的规模，就需要……”段，切换到“开始”选项卡，在“段落”组中单击“下框线”下拉按钮，在弹出的下拉列表中选择“边框和底纹”选项，弹出“边框和底纹”对话框，在该对话框中切换到“边框”选项卡。

② 在“样式”列表框中选择“双线”选项，设置“颜色”为“红色”，“宽度”为“0.5 磅”。

③ 切换到“底纹”选项卡，如图 3-19 所示，设置“填充”为“红色，强调文字颜色 2，淡色 80%”，设置“样式”为“浅色上斜线”。

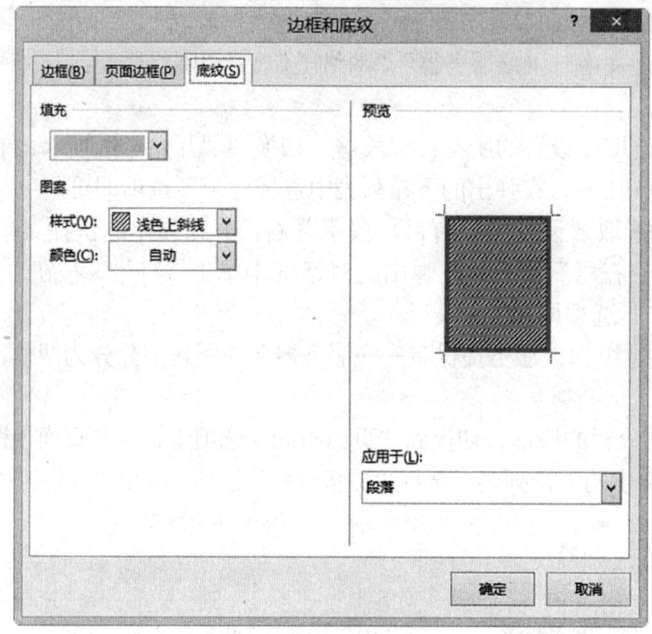

图 3-19　设置底纹

④ 在“应用于”下拉列表框中选择“段落”选项。

（2）设置页面边框线型为艺术型中的倒数第二种式样。

在图 3-19 所示的对话框中切换到“页面边框”选项卡，在“艺术型”下拉列表框中选择倒数第二种样式，在“应用于”下拉列表框中选择“整篇文档”选项。

按照要求设置完毕后，切换到“文件”选项卡，单击“另存为”选项，将文档加以保存。

实验指导 3　在文档中插入表格

（1）掌握创建表格的方法。

（2）熟练调整表格，包括修改行高和列宽、插入行或列、删除行或列。

（3）学会选择表格中的行、列、单元格，会合并单元格。

（4）学习美化表格，包括修饰表格的边框和底纹。

实验内容

使用 Word 2013 制作一张出国旅游个人登记表，效果如图 3-20 所示。

出国旅游个人登记表

线路		出发日期		团号		二寸照片
身份证号		姓名		拼音		
性别	□男 □女	出生日期	年 月 日	出生地		
民族		婚姻状况	□未婚 □已婚 □丧偶 □离异	户口所在 派出所		
护照号码		签发地址		有效日期	年 月 日— 年 月 日	
曾前往国			曾 次申请		国签证未获批准	
家庭住址				邮编		电话
单位名称				职业		电话
单位地址				邮编		传真
电子邮件				手机		
个人简历						（从最后的毕业学校开始填写）

关系	姓名	工作单位	职务	家庭地址	联系电话	出生详情	
						日期	地点
配偶							
子女							
父亲							
母亲							
兄弟姐妹							

★本人声明：1. 本人身体健康，能适应旅行团的行程安排。2. 以上内容均真实完整。否则本人将承担一切责任和后果。

您是通过哪种途径获知我方旅游信息的　□ 老客户　□ 熟人介绍　□ 报纸　□ 网站　□ 其他

申请人签名________　接待人签名________

申 请 日 期________　接 待 日 期________

中国旅行社总社 公民总部

图 3-20　出国旅游个人登记表

具体制作要求如下。

（1）创建一个 17 行 8 列的表格。

（2）表格外框线为 1.5 磅实线，内表格线为默认的 0.75 磅实线。

（3）根据需要合并单元格。

（4）贴照片的单元格底纹颜色为“白色，背景 1，深色 15%”，图案样式为 5%。

（5）调整单元格的高度和宽度。

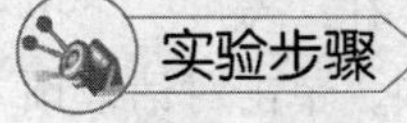

实验步骤

1. 设置页面

在“页面布局”选项卡的“页面设置”组中，设置页边距的上、下边距均为 2 cm，左、右边距均为 1cm，纸张大小为 A4。

2. 创建表格

选择“插入”选项卡，在“表格”组中单击“表格”下拉按钮，在弹出的下拉列表中选择“插入表格”选项，在弹出的对话框中输入行数“17”和列数“8”，如图 3-21 所示，可得到 17×8 的标准表格。

3. 合并单元格

（1）将鼠标指针移到第 1 行第 2 列单元格内部，按住鼠标左键继续向右拖动，直到第 1 行第 3 列，被选中的两个单元格呈反显状态。

（2）右击，在弹出的快捷菜单中选择“合并单元格”命令，则被选中的两个连续的单元格被合并成一个单元格了。同理，完成表格中其他需要合并的单元格。

4. 输入表格内容并设置字体

（1）将光标定位到要输入文字的单元格内，输入相应的文字即可。按照样文完成表格内容的输入操作。

（2）将表格内的文字设置为“宋体，五号，加粗”。

（3）单击表格左上角的图标选中整个表格，在激活的“表格工具-布局”选项卡的“对齐方式”组中单击“水平居中”按钮。

（4）选中“个人简历”单元格，右击，在弹出的快捷菜单中选择“文字方向”命令，在打开的“文字方向”对话框中选择竖向的文字，如图 3-22 所示。

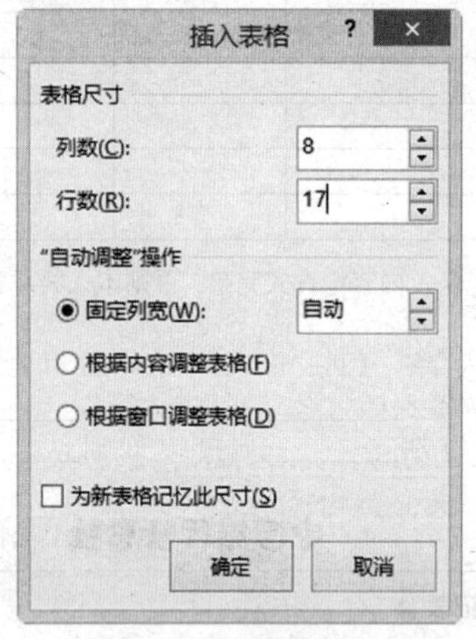

图 3-21 “插入表格”对话框

图 3-22 设置文字方向

同理，完成表格中其他单元格对齐方式和文字方向的设置。

5. 设置表格的边框和底纹

（1）选中整个表格，在激活的“表格工具-设计”选项卡的“边框”组中单击“边框”下拉按钮，在弹出的下拉列表中选择“边框和底纹”选项，打开“边框和底纹”对话框，切换到“边框”选项卡。

（2）在“设置”选项组中选择“方框”选项，“样式”使用默认的实线，在“宽度”下拉列表框中选择“1.5 磅”选项，在“应用于”下拉列表框中选择“表格”选项，单击对话框预览框中的内部实线，如图 3-23 所示。

（3）选中“照片”单元格，打开“边框和底纹”对话框，切换到“底纹”选项卡。

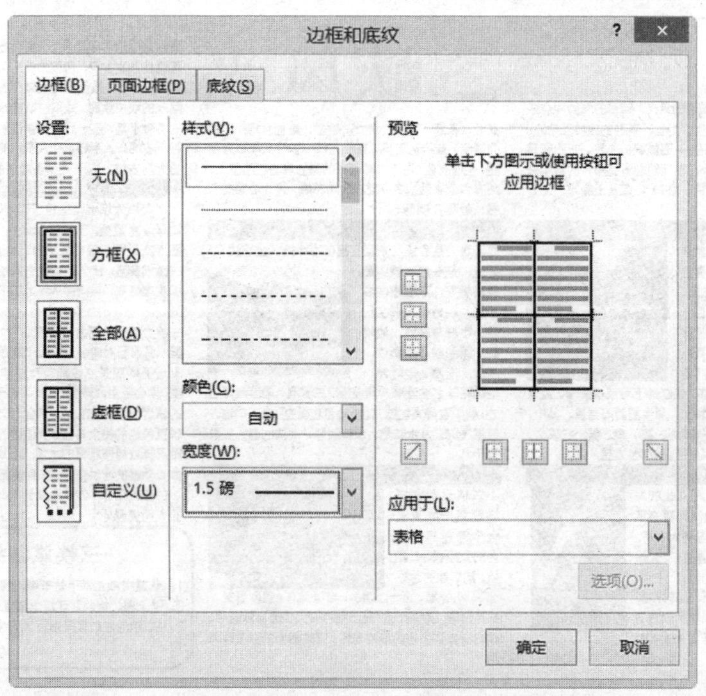

图 3-23 边框参数设置

（4）在“填充”选项组中选择单元格底纹的颜色为“白色，背景 1，深色 15%”，在“图案”选项组中设定单元格底纹的样式为 5%，在“应用于”下拉列表框中选择“单元格”选项。

6. 调整单元格的宽度和高度

将鼠标指针放在表格第一列右边列线上，当鼠标指针变成‖形状时，按住鼠标左键不放，同时列线上出现一条虚线，向左拖放 0.4 cm 左右即可调整单元格宽度。同理，对其他需要调整宽度和高度的单元格进行调整。

7. 保存文件

保存文件后退出 Word。

实验指导 4　掌握 Word 文档图文混排的方法

实验目的

（1）掌握首字下沉和分栏的设置方法。

（2）掌握在文档中插入图片的方法，学会图片格式的设置，包括调整图片大小、环绕方式等设置。

（3）学会在文档中插入艺术字的方法。

（4）学会在文档中插入文本框和自选图形的方法。

实验内容

制作一篇介绍三峡风光的文档，效果如图 3-24 所示。

三峡风光

长江三峡

以其险峻的地形，绮丽的风光，磅礴的气势和众多的名胜古迹称著于世，为世界著名的旅游胜地。

三峡是瞿塘峡、巫峡、西陵峡的总称。它西起重庆市奉节县的白帝城，东至湖北省宜昌市的南津关，跨奉节、巫山、巴东、秭归、宜昌五县市，全长约200公里。

瞿塘峡

从白帝城登船东行就来到以“雄”著称的瞿塘峡。瞿塘峡长约8公里，峡口出江面宽不到百米，两岸悬崖峭壁如同刀劈，云天一线，水急浪高，山势险峻，山岩上有“夔门天下雄”五个大字。沿江而下可观粉壁墙、孟良梯、凤饮泉、倒吊和尚、犀牛望月等奇景。其中，粉壁堂上布满了历代碑刻，篆、隶、楷、行俱全，俨如一面挂满了书法墨宝的厅堂之壁。

巫峡

出了瞿塘峡，经过25公里的大宁河宽谷就到了幽深秀丽的巫峡。巫峡西起巫山县的大宁河，东至湖北省的巴东官渡口，全长约45公里，峡中两岸青山连绵，群峰如屏，江流曲折，幽深秀丽，宛如一条天然画廊。峡两岸为巫山十二峰，江北由西向东依次为登龙、圣泉、朝云、神女、松峦、集仙六峰；江南为净坛、起云、飞凤。在十二峰中以神女峰最为俏丽，也最有名。在十二峰最东的集仙峰临江绝壁上，刻有六个苍劲大字——重岩叠嶂巫峰，传为诸葛亮所书，故称孔明碑。

西陵峡

西起秭归县香溪，东至宜昌市南津关，全长约76公里，是长江三峡中最长的峡谷，以险峻闻名于世，峡内有兵书宝剑峡、牛肝马肺峡、崆岭峡、黄牛峡、灯影峡、青滩、泄滩、崆岭滩、蛤蟆碚等名峡险滩和黄陵庙、三游洞、陆游泉等古迹。峡中险峰夹江壁立，峻岭悬崖横空；奇石嶙峋，银瀑飞泻，古木森然，水势湍急，浪涛汹涌，景象万千。

巫山小三峡

小三峡是长江三峡段第一大支流大宁河在巫山境内的龙门峡、巴雾峡、滴翠峡的总称，全长50公里。她一江碧水、奇峰壁立、竹木苍茏、猿声阵阵、饶有野趣，是一处巧夺天工的自然画廊。峡内有多姿多彩的峻岭奇峰，弯来拐去的激流险滩，清幽秀洁的飞瀑清泉，千姿百态的倒悬钟乳，神秘莫测的悬岩古洞，栩栩如生的天然雕塑，茂密繁盛的山林竹木，是一处玲珑奇巧的峡谷盆景；有追逐嬉戏的顽皮猴群，成双结队的戏水鸳鸯，展翅纷飞的各种水鸟，是一处不可多得的动物王国；还有迷存千古的巴人悬棺，令人费解的古栈道，风韵犹存的大昌古城，是一处珍贵难岿的历史遗址。

长江三峡大坝

三峡大坝水电站位于西陵峡中部宽敞处，下行至南津关，北岸为融人文景观与自然景观为一体的宜昌三游洞景区，比邻气势恢宏的长江葛洲坝水电枢纽，共同构成环大坝平湖风景区。

三峡大坝旅游区占地面积18.72平方公里，目前已对游客开放五个观景点。登上坛子岭观景点你能鸟瞰三峡工程全貌，体会毛主席诗句“截断巫山云雨，高峡出平湖”的豪迈情怀；站在185平台上向下俯看，亲身感受华夏民族的伟大与自豪；走进近坝观景点，你能零距离接触雄伟壮丽的大坝；登上坝顶直面百丈万钧、惊心动魄的泄洪奇观；来到截流纪念园体会人与自然的完美结合，仿佛置身于“山水相连，天人合一”的人间美景。

高峡出平湖

三峡旅游线路

1. 从重庆顺江而下快节奏地观赏三峡的奇特风光；
2. 从上海、南京、武汉逆流而上游览长江沿途美景；
3. 从三峡的东口宜昌出发饱览神奇美丽的长江三峡风光。

图 3-24　介绍三峡风光的文档

具体排版格式要求如下。

（1）页面设置为 A4，横向，上、下、左、右边距均为 2 cm，页面边框为红色双波浪线。

（2）页面分为三栏，栏宽相等，无分割线。

（3）标题“三峡风光”使用艺术字，放在文档上端中央。

（4）文章二级标题设置浅蓝色底纹。

（5）插入多个图片文件，设置图片大小，环绕方式为紧密型环绕。

（6）插入竖排文本框，设置填充颜色为无，线条颜色为无，环绕方式为四周型。

（7）设置首字下沉行数为两行。

（8）使用自选图形添加一段文字。

实验步骤

1. 页面设置

（1）切换到“页面布局”选项卡，在“页面设置”组中单击“页边距”下拉按钮，在弹出的下拉列表中选择“自定义边距”选项，在打开的“页面设置”对话框中设置页边距的上、下、左、右均为“2 厘米”，如图 3-25 所示。

（2）设置纸张方向为横向，纸张大小为 A4。

（3）在“设计”选项卡的“页面背景”组中单击“页面边框”按钮，打开“边框和底纹”对话框，在“设置”选项组中选择“方框”选项，“样式”选择“双波浪线”，将颜色设为红色，如图 3-26 所示。

2. 分栏

在“页面布局”选项卡的“页面设置”组中单击“分栏”下拉按钮，在弹出的下拉列表中选择“三栏”选项，默认栏宽相等，无分割线。

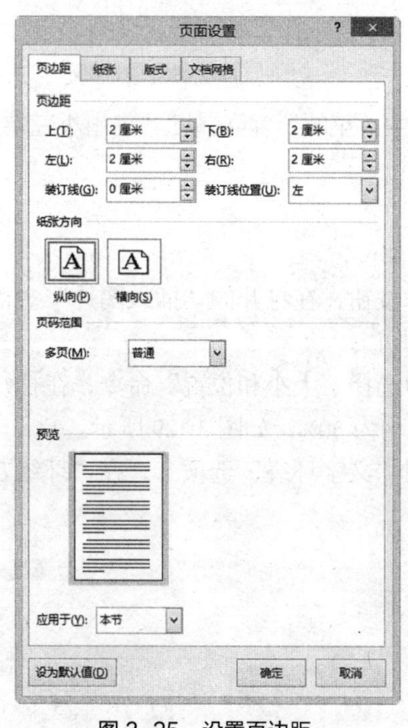

图 3-25　设置页边距

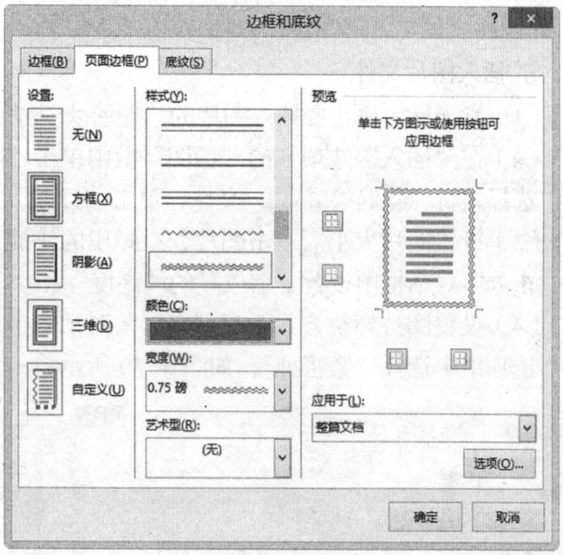

图 3-26　设置页面边框

3. 插入艺术字

切换到“插入”选项卡，在“文本”组中单击“艺术字”下拉按钮，在弹出的下拉列表中选择“艺术字样式16”选项，如图3-27所示。在插入的文本框中输入“三峡风光”，设置其字体为“楷体”，字号为“36磅”，加粗。

插入艺术字后，选中艺术字，在窗口的标题栏中间出现关于艺术字的“绘图工具”上下选项卡，在“格式”选项卡的“艺术字样式”组中单击“更改形状”下拉按钮，在弹出的下拉列表中选择“弯曲”→“两端近”选项，如图3-28所示。将插入的艺术字移动到合适的位置后单击艺术字，将鼠标指针放到艺术字的四角中的任意一个角上，当鼠标指针变成箭头形状时，拖动鼠标，根据样文改变艺术字的大小。

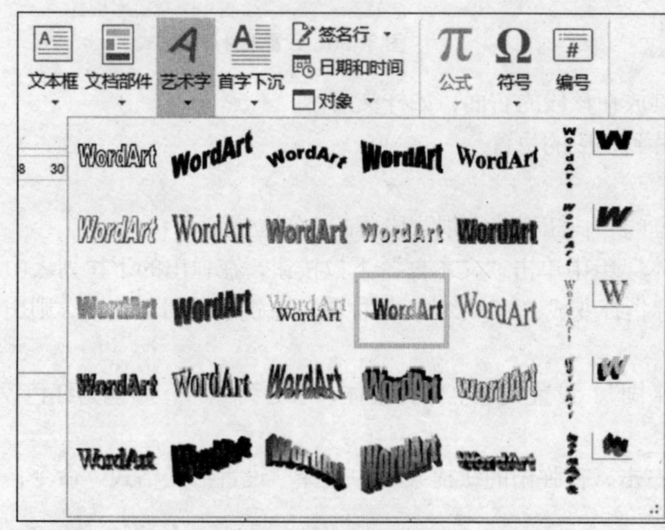

图 3-27　选择艺术字样式

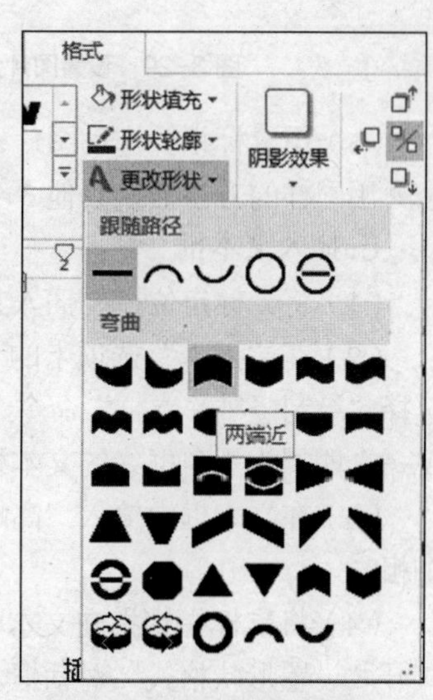

图 3-28　更改艺术字形状

4. 插入文字

（1）将文字复制到目标文档页面中。

（2）选中“瞿塘峡”二级标题，按住 Ctrl 键的同时选中“巫峡”“西陵峡”“巫山小三峡”“长江三峡大坝”，设置底纹为浅蓝色。

5. 插入图片文件

（1）将光标定位在要插入图片的“瞿塘峡”段落的中部位置。

（2）在“插入”选项卡的“插图”组中单击“图片”按钮，在打开的“插入图片”对话框中选择素材“瞿塘峡. jpg”文件，单击“插入”按钮即可。

（3）设置图片大小。右击图片，在弹出的快捷菜单中选择“大小和位置”命令，在打开的“布局”对话框中设置“缩放”的“高度”和“宽度”均为 50%，如图 3–29 所示。

（4）设置图片环绕方式。在“布局”对话框中切换到“文字环绕”选项卡，在“环绕方式”选项组中选择“紧密型”，如图 3–30 所示。

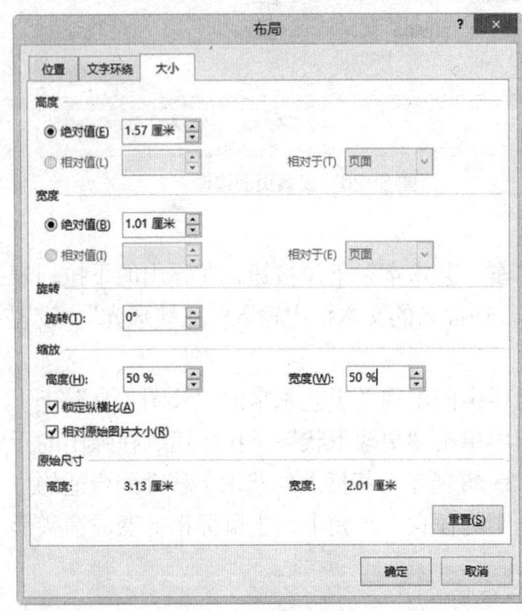

图 3–29　设置图片大小

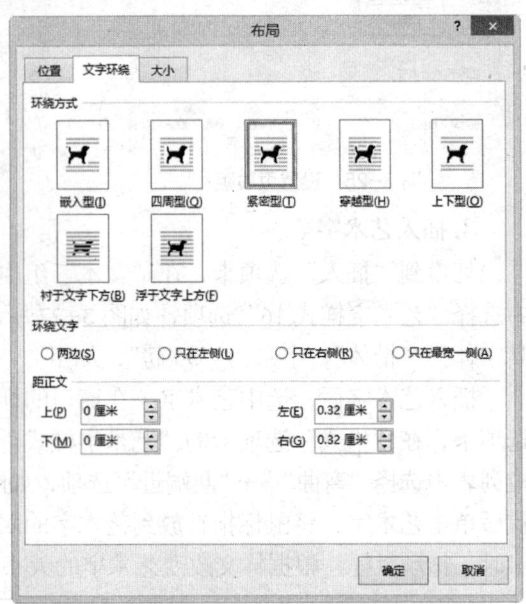

图 3–30　设置图片环绕方式

（5）用鼠标指针拖动图片，将其放在该段的右面，如样文所示。

用同样的方法插入其他 3 个图片到相应的位置。

6. 插入文本框

（1）将光标定位在要插入文本框的“长江三峡大坝”段落的中部位置。

（2）在“插入”选项卡的“文本”组中单击“文本框”下拉按钮，在弹出的下拉列表中选择“绘制竖排文本框”命令，鼠标指针变成“+”形状，按住鼠标左键在编辑区拖动，则出现一个四周为黑色框线的文本框。

（3）在文本框中输入“高峡出平湖”，设置文本字体为楷体，字号为一号，颜色为红色，加粗。

（4）将鼠标指针指向文本框，右击，在弹出的快捷菜单中选择“设置形状格式”命令，打开“设置形状格式”对话框。

（5）切换到“形状选项”选项卡，单击“布局属性”按钮，进入布局属性设置页面，设置

“上”“下”“左”“右”边距均为“0 厘米”；再单击“填充线条”按钮，进入填充线条设置界面，设置文本框的填充颜色为无，线条颜色为无；然后设置该文本框的环绕方式为四周型。

7. 设置首字下沉

将光标定位到“长江三峡大坝”段落中，在“插入”选项卡的“文本”组中单击“首字下沉”下拉按钮，在弹出的下拉列表中选择“首字下沉选项”命令，在打开的对话框中设置“位置”为“下沉”，设置“下沉行数”为2行。

8. 自选图形的操作

（1）在“插入”选项卡的“插图”组中单击“形状”下拉按钮，在弹出的下拉列表中选择“矩形”中的“圆角矩形”。

（2）此时鼠标指针变成“+”形状，在要插入图片的位置拖动鼠标到合适的位置即可。

（3）右击圆角矩形，在弹出的快捷菜单中选择“设置形状格式”命令，在打开的“设置形状格式”对话框的“填充”选项组中选中“纯色填充”单选按钮，设置填充颜色为“黄色”，在“线条”选项组中选中“实线”单选按钮，设置线条颜色为“红色”，设置实线“宽度”为“2.25 磅”，设置环绕方式为“衬于文字下方”。

（4）在圆角矩形内右击，在弹出的快捷菜单中选择“添加文字”命令，然后将所需的文字复制到圆角矩形内。

9. 保存文件

保存文件后退出 Word。

习题

一、选择题

1. Word 2013 文档扩展名的默认类型是（　　）。

A. DOCX　　B. DOT　　C. WRD　　D. TXT

2. 下列支持中文 Word 2013 运行的软件环境是（　　）。

A. DOS　　B. Office 2007　　C. UCDOS　　D. Windows 7

3. Word 2013 默认的纸张大小为________，纸张页面方向为________。（　　）

A. A4，横向　　B. A4，纵向　　C. B4，横向　　D. B4，纵向

4. 在 Word 2013 中，可以显示页眉与页脚的视图方式是（　　）。

A. 普通　　B. 大纲　　C. 页面　　D. 全屏幕显示

5. 在 Word 2013 中，只能显示水平标尺的是（　　）。

A. 普通视图　　B. 页面视图　　C. 大纲视图　　D. 打印预览

6. 在 Word 2013 中，（　　）方式的显示效果和文档打印效果完全相同。

A. 页面视图　　B. 普通视图　　C. 大纲视图　　D. Web 版式视图

7. 在 Word 2013 中，用户希望将文档中的一部分文本内容复制到其他位置或文档中，首先要进行的操作是（　　）。

A. 选择　　B. 复制　　C. 粘贴　　D. 剪切

8. 在 Word 2013 编辑状态下，按 Delete 键将会（　　）。

A. 删除光标前的一个字符　　B. 删除光标前的全部字符

C. 删除光标后的一个字符　　D. 删除光标后的全部字符

9. 用户在使用Word 2013编辑文档时，在文件每页的顶部需要显示的信息被称为（　　）。

A. 页码　　B. 分页符　　C. 页脚　　D. 页眉

10. 在 Word 2013 的编辑状态下打开文档 ABC，修改后另存为 ABD，则文档 ABC（　　）。

A. 被文档ABD覆盖　　B. 被修改未关闭

C. 被修改并关闭　　D. 未修改被关闭

11. 在 Word 2013 的编辑状态下，要将一个已经编辑好的文档保存到当前文件夹外的另一个指定文件中，正确的操作方法是（　　）。

A. 单击“文件”按钮选择“保存”命令

B. 单击“文件”按钮选择“另存为”命令

C. 单击“文件”按钮选择“退出”命令

D. 单击“文件”按钮选择“关闭”命令

12. 在 Word 2013 的编辑状态下，为了把不相邻的两段文字交换位置，可以采用的方法是（　　）。

A. 剪切　　B. 粘贴　　C. 复制+粘贴　　D. 剪切+粘贴

13. 在 Word 2013 的编辑状态下打开了一个文档，对文档进行了修改，进行“关闭”文档操作后（　　）。

A. 文档被关闭，并自动保存修改后的内容

B. 文档不能关闭，修改后的内容不能保存

C. 文档被关闭，修改后的内容不能保存

D. 弹出对话框，并询问是否保存对文档的修改

14. 在 Word 2013 编辑状态下，用户将鼠标指针停在某行行首左边的文本选择区，鼠标指针变为↗形状，则选择光标所在行的操作是（　　）。

A. 单击　　B. 双击　　C. 三击　　D. 右击

15. 在 Word 2013 的“段落”对话框中，用户不能设定文字的（　　）属性。

A. 缩进方式　　B. 字符间距　　C. 行间距　　D. 对齐方式

16. 在 Word 2013 的编辑状态下，选择了一个段落并设置段落的“首行缩进”为 1 cm，则（　　）。

A. 该段落的首行起始位置距离页面的左边距 1 cm

B. 文档中各段落的首行只由“首行缩进”确定位置

C. 该段落的首行起始位置在段落“左缩进”位置右边的 1 cm

D. 该段落的首行起始位置在段落“左缩进”位置左边的 1 cm

17. 在 Word 2013 的编辑状态下，选择了文档全文，若在“段落”对话框中设置行距为 20 磅的格式，应当选择“行距”下拉列表框中的（　　）。

A. 单倍行距　　B. 1.5 倍行距　　C. 固定值　　D. 多倍行距

18. 在 Word 2013 的编辑状态下，选择了当前文档中的一个段落，进行“清除”操作（或按 Delete 键），则（　　）。

A. 该段落被删除且不能恢复

B. 该段落被删除，但能恢复

C. 能利用“回收站”恢复被删除的该段落

D. 该段落被移到“回收站”内

19. 在 Word 2013 的编辑状态下打开了一个文档，进行“保存”操作后，该文档（　　）。

A. 被保存在原文件夹下

B. 可以保存在已有的其他文件夹下

C. 可以保存在新建文件夹下

D. 保存后文档被关闭

20. 在 Word 2013 的编辑状态下进行“替换”操作时，应当单击（　　）中的按钮。

A.“开始”选项卡　　B.“插入”选项卡

C.“页面布局”选项卡　　D.“审阅”选项卡

21. 在 Word 2013 的编辑状态下要设置精确的缩进量，应当使用（　　）方式。

A. 标尺　　B. 样式　　C. 段落格式　　D. 页面设置

22. 在 Word 2013 的编辑状态下，“打印”页面的“设置”选项组中的“打印当前页面”是指打印（　　）。

A. 当前光标所在页　　B. 当前窗口显示页

C. 第 1 页　　D. 最后 1 页

23. 在 Word 2013 的编辑状态下，项目编号的作用是（　　）。

A. 为每个标题编号　　B. 为每个自然段落编号

C. 为每行编号　　D. 以上都正确

24. 在 Word 2013 的编辑状态下，格式刷可以复制（　　）。

A. 段落的格式和内容　　B. 段落和文字的格式和内容

C. 文字的格式和内容　　D. 段落和文字的格式

25. Word 2013 中的格式刷可用于复制文本和段落的格式，若要将选中的文本或段落格式重复应用多次，应（　　）。

A. 单击“格式刷”按钮　　B. 双击“格式刷”按钮

C. 右击“格式刷”按钮　　D. 拖动“格式刷”按钮

26. 在 Word 2013 的编辑状态下，对已经输入的文档进行分栏操作，需要使用的选项卡是（　　）。

A.“开始”选项卡　　B.“插入”选项卡

C.“页面布局”选项卡　　D.“审阅”选项卡

27. 在 Word 2013 的编辑状态下，若要输入希腊字母Ω，则需要使用的选项卡是（　　）。

A.“开始”选项卡　　B.“插入”选项卡

C.“页面布局”选项卡　　D.“审阅”选项卡

28. 在 Word 2013 中，有的命令右端带有符号“▼”，当执行此命令后屏幕将显示（　　）。

A. 常用工具栏　　B. 帮助信息　　C. 下拉菜单　　D. 对话框

29. 在 Word 2013 中，将整个文档选定的快捷键是（　　）。

A. Ctrl+A　　B. Ctrl+C　　C. Ctrl+V　　D. Ctrl+X

30. 关于 Word 2013 的样式，下列选项错误的是（　　）。

A. 指一组已经命名的字符和段落格式　　B. 系统已经提供了多种样式

C. 可以保存在模板中供其他文档使用　　D. 不能自定义样式

31. 在 Word 2013 文档编辑中绘制椭圆时，若按住 Shift 键并向左拖动鼠标，则绘制出一个（　　）。

A. 椭圆　　B. 以出发点为中心的椭圆

C. 圆　　D. 以出发点为中心的圆

32. 下列关于 Word 2013 表格功能的描述，正确的是（　　）。

A. Word 2013 对表格中的数据既不能进行排序，也不能进行计算

B. Word 2013 对表格中的数据能进行排序，但不能进行计算

C. Word 2013 对表格中的数据不能进行排序，但可以进行计算

D. Word 2013 对表格中的数据既能进行排序，也能进行计算

33. 在 Word 2013 中进行打印操作时，假设需使用 B5 大小的纸张，用户在打印预览中发现文档最后一页只有两行内容，（　　）是把这两行内容移至上一页以节省纸张的最好方法。

A. 纸张大小改为 A4　　B. 添加页眉/页脚

C. 减小页边距　　D. 增大页边距

34. 每年的元旦，某公司都要发大量内容相同的信，只是信中的称呼不一样，为了不进行重复的编辑工作，以提高效率，可用（　　）功能实现。

A. 邮件合并　　B. 书签　　C. 信封和选项卡　　D. 复制

35. 关于 Word 2013 的功能，下列说法错误的是（　　）。

A. 可以进行自定义图文、表格混排，将文本框任意放置

B. 查找和替换字符串可区分大小写

C. 用户可以设定文件自动保存时间，且自动保存时间越短越好

D. 可以不同的比例显示文档

二、填空题

1. Word 2013 中拖动标尺左侧上面的倒三角可设定________。

2. Word 2013 中拖动标尺左侧下面的小方块可设定________。

3. Word 2013 中文档两行之间的间隔称为________。

4. Word 2013 页边距是________的距离。

5. Word 2013 中取消最近一次所做的编辑或排版动作，或删除最近一次输入的内容，称为________。

6. Word 2013 模板的两种基本类型为________模板和________模板。

7. 在 Word 2013 中，要在页面上插入页眉、页脚，应单击________选项卡中的“页眉”或“页脚”按钮。

8. 在 Word 2013 中，要实现“查找”功能，可按________组合键。

9. 剪贴板是________中的一个区域。

10. 在 Word 2013 文字处理的“字号”下拉列表框中，最大磅值是________磅。Word 2013 能设置的最大字磅值是________。

11. 在 Word 中按 Ctrl+________键可以把插入点移到文档尾部。

12. 在普通视图中，只出现________方向的标尺；页面视图中窗口既显示水平标尺，又显示竖直标尺。

13. 在 Word 2013 环境下，要将一个段落分成两个段落，需要将光标定位在段落分割处，按________键。

14. 在 Word 2013 中要复制已选定的文本，可以按________键，同时用鼠标拖动选定文

本到指定的位置。

15. 如果要查看文档的页数、字符数、段落数、摘要信息等，要单击“审阅”选项卡中的________按钮。

16. 样式是一组已命名的________格式和________格式的组合。

17. ________是对多篇具有相同格式的文档的格式定义。模板与样式的关系是：模板包含样式，模板有对应的文件；样式有名字但没有对应的文件。

18. 在 Word 2013 中，要体现分栏的实际效果应使用________视图。

三、判断题

1. 为防止断电丢失新输入的文本内容，应经常单击“文件”按钮，选择“另存为”命令。(　　)

2. 移动、复制文本时需先选择文本。(　　)

3. 在 Word 2013 中，段落的首行缩进就是指段落的第一行向里缩进一定的距离。(　　)

4. 在 Word 2013 中，将鼠标指针移动到正文左侧，当鼠标指针变成反向指针时，三击，可以选中全文。(　　)

5. 在 Word 2013 中，使用 Word 的查找功能查找文档中的字符串时，可以同时把所有找到的字符串设置为选定状态。(　　)

6. 在 Word 2013 中没有恢复操作。(　　)

7. 在 Word 2013 中设置段落格式时，不能同时设置多个段落的格式。(　　)

8. 在 Word 2013 中进行页面设置时可以设置装订线的位置。(　　)

9. 在 Word 2013 编辑状态下，将文档中的某段文字误删除之后将无法恢复。(　　)

10. 在 Word 2013 编辑状态下，若对所选的某一段执行了“删除”(或按 Delete 键)操作，则该段落将被移到回收站内。(　　)

11. 在 Word 2013 编辑状态下，文档窗口显示水平标尺的视图方式一定是页面视图。(　　)

12. 在 Word 2013 的“替换”对话框中，可以同时替换所有找到的字串。(　　)

13. 在 Word 2013 的字符格式化中，可以把选定的文本设置成上标或下标的效果。(　　)

14. 在 Word 2013 的字符格式化中，字符的缩放是按字符宽和高的百分比来设置的。(　　)

15. 在 Word 2013 中，单击“保存”命令就是保存当前正在编辑的文档，若是第一次保存，则会打开“另存为”对话框。(　　)

16. 在 Word 2013 中，当一页输入满时，需在“插入”选项卡中单击“页码”按钮，增加新页后再输入。(　　)

17. 在 Word 2013 中，进行文档的页面设置可以在“开始”选项卡的“页面设置”组中进行。(　　)

18. 在 Word 2013 中，中文字体和英文字体的设置分别在不同的对话框中进行。(　　)

19. 在 Word 2013 中，不但可以编辑文字，还可以插入图形、编辑表格，直到打印出文稿。(　　)

20. 在 Word 2013 中，不能画图，只能插入外部图片。(　　)

21. 在 Word 2013 中，进行文本的格式化时，段落的对齐方式可以是靠上、居中和靠下。(　　)

22. Word 2013 具有自动保存文件的功能。(　　)

23. 在 Word 2013 中输入文字，当遇到键盘上没有的字符时，可以在“插入”选项卡中单击“符号”下拉按钮，从“符号”对话框中查找。(　　)

24. 上页边距和下页边距不包括页眉和页脚。(　　)

25. 在编辑一个旧文档的过程中，单击“保存”按钮，会打开“保存”对话框，从中设置文件的位置、文件名和扩展名。(　　)

四、操作题

使用 Word 2013 制作图 3-31 所示的海报。

具体要求如下。

（1）页面设置。设置页边距的上、下、左、右均为 2 cm，方向为竖向，纸张大小为 A4。

（2）插入图片作为底纹。插入作为底纹的图片，调整图片大小，文字环绕方式为衬于文字下方。

（3）报头设置。插入艺术字，选择合适的艺术字形状，调整艺术字的大小。

雨蓝公司年度工作会议圆满召开

2013 年 1 月 4 日上午 8 点 30 分，成都雨蓝有限公司 2013 年度工作会议在雨蓝公司五楼会议室正式召开。此次会议由雨蓝公司副总裁主持，包括公司总裁、公司总部相关管理人员、各分公司负责人员和特约嘉宾在内的近百人出席。

会议开始，公司总裁在年度工作报告中回顾总结了 2012 年公司取得的可喜成绩，布置安排了 2013 年度的主要工作。报告指出，2013 年公司的总体方针是“优化人力资源结构、提高员工素质；优化产业经营结构、注重效益增长”。

会议过程中，公司行政总监宣读公司组织机构整合决议，并公布公司管理岗位及人事调整方案；公司董事会副主席宣布了 2012 年度公司优秀管理者和优秀员工名单（详见附表），并由董事长为获奖者颁发奖金。

公司董事长在会议最后特别强调，2013 年雨蓝企业公司将进入快速发展的一年，随着公司的发展壮大，公司将进一步完善员工绩效与激励机制，加大对有突出贡献人员的奖励力度，让每位员工都有机会分享公司发展壮大带来的成果。

此次会议为公司未来的发展指明了方向，雨蓝公司必将在新的一年谱写更加灿烂辉煌的新篇章！

附表-2012 年度公司优秀管理者和优秀员工

	行政部	销售部	企划部	生产部	后勤部
管理者	张　明	王　晨	魏　珂	郑晓晓	刘　叶
员工	李晓雨	蔡　方	陈　红	蒋　文	薛　东
	王　娟	黄　勇	郭　楠	宋　恒	程小雨

图 3-31　海报样文

（4）插入表格。设置表格边框，调整表格的宽度和高度，合并单元格。

（5）插入图片文件，设置环绕方式，调整图片的大小。

PART 4 模块 4 Excel 2013 的应用

实验指导 1　编辑与美化表格

实验目的

（1）掌握 Excel 工作簿文件的创建与保存操作方法。

（2）掌握 Excel 工作表的数据录入与编辑操作方法。

（3）掌握 Excel 工作表的格式排版操作方法。

（4）掌握 Excel 工作表的页面设置操作方法。

实验内容

使用 Excel 2013 制作公司员工领用办公用品登记表，效果如图 4-1 所示。数据录入完成后对其进行美化，效果如图 4-2 所示。

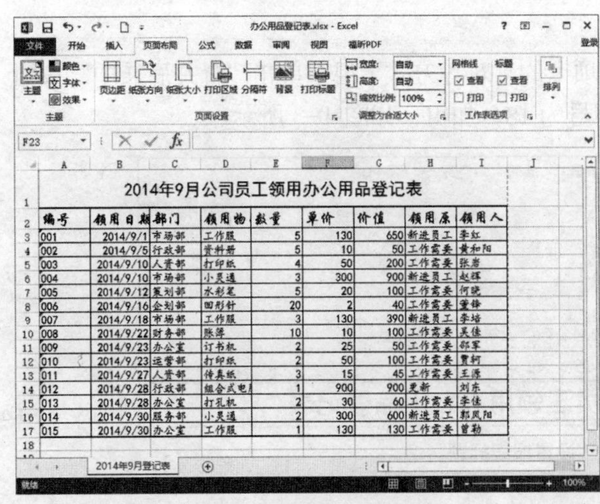

2014年9月公司员工领用办公用品登记表

编号	领用日期	部门	领用物	数量	单价	价值	领用原	领用人
001	2014/9/1	市场部	工作服	5	130	650	新进员工	李红
002	2014/9/5	行政部	资料册	5	10	50	工作需要	黄和阳
003	2014/9/10	人资部	打印纸	4	50	200	工作需要	张岩
004	2014/9/10	市场部	小灵通	3	300	900	新进员工	赵辉
005	2014/9/12	策划部	水彩笔	5	20	100	工作需要	何晓
006	2014/9/16	企划部	回形针	20	2	40	工作需要	董锋
007	2014/9/18	市场部	工作服	3	130	390	新进员工	李培
008	2014/9/22	财务部	账簿	10	10	100	工作需要	吴佳
009	2014/9/23	办公室	订书机	2	25	50	工作需要	邵军
010	2014/9/23	运营部	打印纸	2	50	100	工作需要	贾轲
011	2014/9/27	人资部	传真纸	3	15	45	工作需要	王源
012	2014/9/28	行政部	组合式电	1	900	900	更新	刘东
013	2014/9/28	办公室	打孔机	2	30	60	工作需要	李佳
014	2014/9/30	服务部	小灵通	2	300	600	新进员工	郭凤阳
015	2014/9/30	办公室	工作服	1	130	130	工作需要	曾勒

图 4-1　数据录入的结果

宏达公司　　保管员：张红

2014年9月公司员工领用办公用品登记表

编号	领用日期	部门	领用物	数量	单价	价值	领用原	领用人
001	2014/9/1	市场部	工作服	5	130	650	新进员工	李红
002	2014/9/5	行政部	资料册	5	10	50	工作需要	黄和阳
003	2014/9/10	人资部	打印纸	4	50	200	工作需要	张岩
004	2014/9/10	市场部	小灵通	3	300	900	新进员工	赵辉
005	2014/9/12	策划部	水彩笔	5	20	100	工作需要	何晓
006	2014/9/16	企划部	回形针	20	2	40	工作需要	董锋
007	2014/9/18	市场部	工作服	3	130	390	新进员工	李培
008	2014/9/22	财务部	账簿	10	10	100	工作需要	吴佳
009	2014/9/23	办公室	订书机	2	25	50	工作需要	邵军
010	2014/9/23	运营部	打印纸	2	50	100	工作需要	贾轲
011	2014/9/27	人资部	传真纸	3	15	45	工作需要	王源
012	2014/9/28	行政部	组合式电	1	900	900	更新	刘东
013	2014/9/28	办公室	打孔机	2	30	60	工作需要	李佳
014	2014/9/30	服务部	小灵通	2	300	600	新进员工	郭凤阳
015	2014/9/30	办公室	工作服	1	130	130	工作需要	曾勒

图 4-2　排版后的结果

排版操作要求如下。

（1）录入报表数据后，重命名工作表标签为“2014 年 9 月登记表”。

（2）报表格式的设置与编排。

① 报表标题。A1:I1 单元格区域，设置合并后居中，字体为黑体，字号为 18，加粗，行

高为 40。

② 报表区域。A2:I17 单元格区域，套用表格格式为中等深浅 4，加外粗里细边框。

③ 报表表头行。A2:I2 单元格区域，设置字体为华文行楷，字号为 16。

④ 报表数据区域。A3:I17 单元格区域，设置字体为楷体，字号为 12。

（3）页面设置。

① 在页眉中添加公司名和保管员名，在页脚中添加页数与总页数。

② 设置页边距的上、下、左、右均为 2 cm，水平居中。

③ 将报表标题与表头行设置为打印标题的顶端标题行。

1. 数据录入

参照样文录入数据，注意特殊数据的输入方法。

（1）“编号”列数据属于数字串，其输入方法可以采用先输入英文单引号“'”为前导符，再输入数据 001 的方式，然后向下拖动第一个单元格的填充柄到适当位置，完成其他单元数据的输入。

（2）“领用日期”列数据中有连续相同的日期，可先输入 1 个日期，再向下拖动该单元格的填充柄到适当位置，然后单击“自动填充选项”下拉按钮，在弹出的下拉列表中选中“复制单元格”单选按钮即可。

（3）“部门”“领用物品”和“领用原因”3 列数据中有不连续的相同数据，可先选中各单元格，然后输入数据，最后按 Ctrl+Enter 组合键完成输入。

2. 修改工作表标签

双击工作表标签，输入“2014 年 9 月登记表”即可。

3. 设置报表格式

1）设置报表标题

选中 A1:I1 单元格区域，在“开始”选项卡的“对齐方式”组中单击“合并后居中”按钮 ，在“字体”组中设置字体为黑体，字号为 18，加粗，如图 4-3 所示。

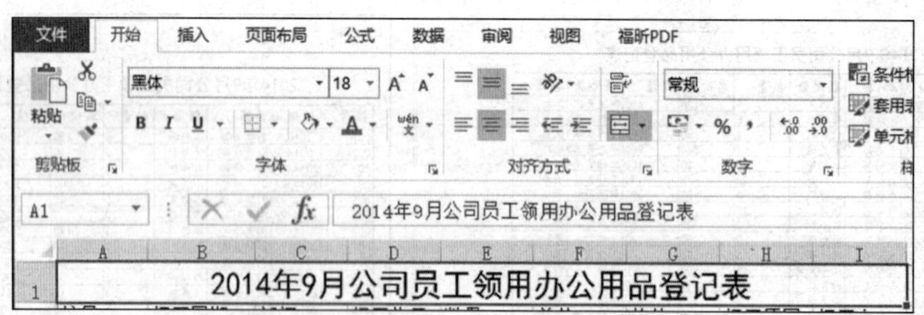

图 4-3 设置报表标题

2）报表套用表格格式

选中报表的某个单元格，然后在“开始”选项卡的“样式”组中单击“套用表格格式”下拉按钮，在弹出的下拉列表中选择“表样式中等深浅 4”选项，如图 4-4 所示。

3）报表字体格式

表头行数据设置为“华文行楷，16 号”，数据区域数据设置为“楷体，12 号”，如图 4-5 所示。

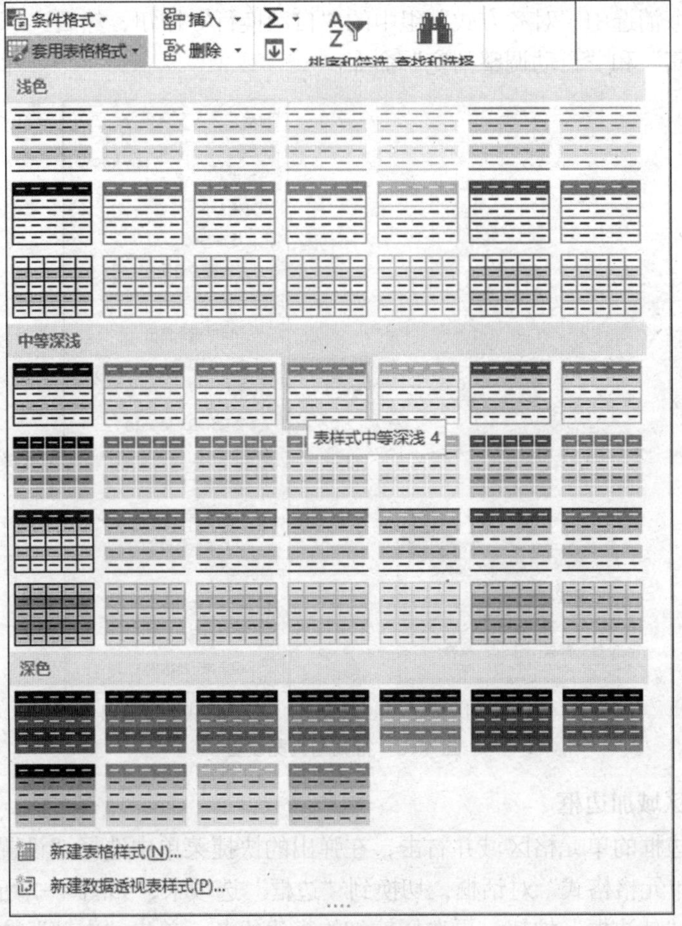

图 4-4 套用表格格式

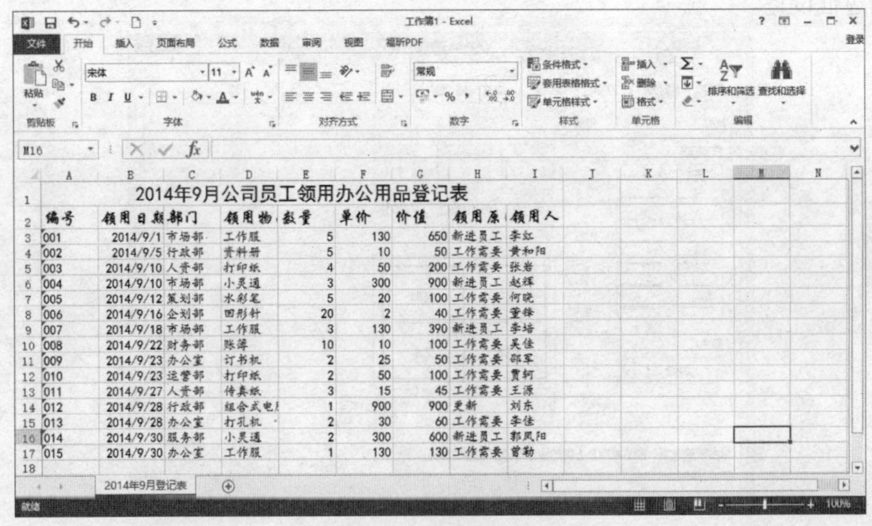

	A	B	C	D	E	F	G	H	I
1	2014年9月公司员工领用办公用品登记表								
2	编号	领用日期	部门	领用物	数量	单价	价值	领用原	领用人
3	001	2014/9/1	市场部	工作服	5	130	650	新进员工	李红
4	002	2014/9/5	行政部	资料册	5	10	50	工作需要	黄和阳
5	003	2014/9/10	人资部	打印纸	4	50	200	工作需要	张岩
6	004	2014/9/10	市场部	小灵通	3	300	900	新进员工	赵辉
7	005	2014/9/12	策划部	水彩笔	5	20	100	工作需要	何晓
8	006	2014/9/16	企划部	回形针	20	2	40	工作需要	董锋
9	007	2014/9/18	市场部	工作服	3	130	390	新进员工	李培
10	008	2014/9/22	财务部	账簿	10	10	100	工作需要	吴佳
11	009	2014/9/23	办公室	订书机	2	25	50	工作需要	邵军
12	010	2014/9/23	运营部	打印纸	2	50	100	工作需要	贾轲
13	011	2014/9/27	人资部	传真纸	3	15	45	工作需要	王源
14	012	2014/9/28	行政部	组合式电	1	900	900	更新	刘东
15	013	2014/9/28	办公室	打孔机	2	30	60	工作需要	李佳
16	014	2014/9/30	服务部	小灵通	2	300	600	新进员工	郭凤阳
17	015	2014/9/30	办公室	工作服	1	130	130	工作需要	曾勤

图 4-5 表格字体设置

4．设置行高和列宽

选中报表标题，在“开始”选项卡的“单元格”组中单击“格式”下拉按钮，在弹出的下拉列表中选择“行高”命令，打开“行高”对话框，将行高设为 40，如图 4-6（a）所示。

选中报表区域，取消选中“对齐方式”组中的“自动换行”按钮，然后选择图 4-6（b）所示的“自动调整行高”和“自动调整列宽”命令。

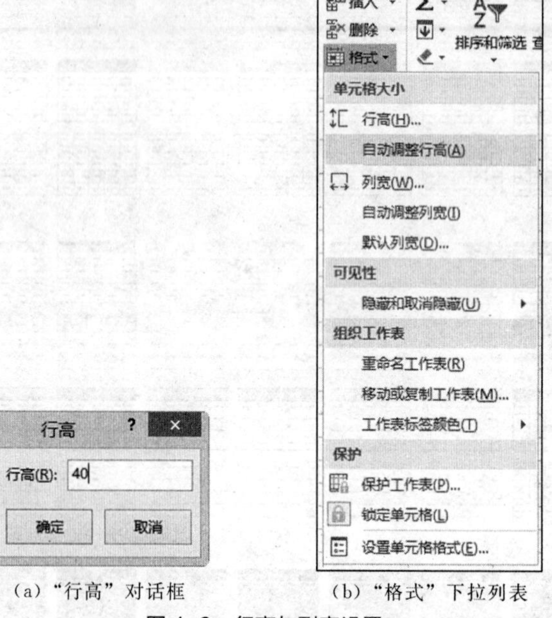

（a）“行高”对话框　　（b）“格式”下拉列表

图 4-6　行高与列宽设置

5. 报表数据区域加边框

选中需要加边框的单元格区域并右击，在弹出的快捷菜单中选择“设置单元格格式”命令，打开“设置单元格格式”对话框，切换到“边框”选项卡，如图 4-7 所示。选择较粗的直线线条，单击“外边框”按钮，再选择较细的直线线条，单击“内部”按钮，即可完成外粗里细的边框设置。

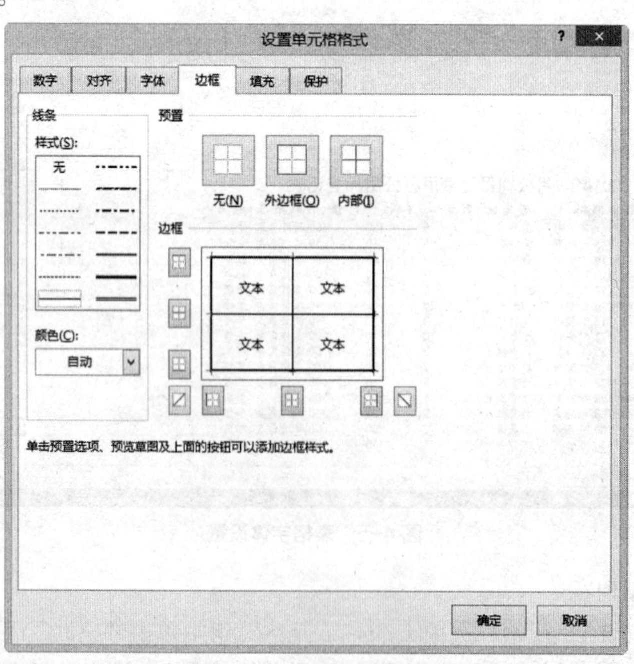

图 4-7　“边框”选项卡

6. 插入页眉和页脚

切换到“插入”选项卡，在“文本”组中单击“页眉和页脚”按钮，功能区中将出现“页眉和页脚工具”上下文选项卡，并进入页面布局视图。

在页眉左侧输入框中输入文本“宏达公司”，在页眉右侧输入框中输入文本“保管员：张红”，如图 4-8 所示。

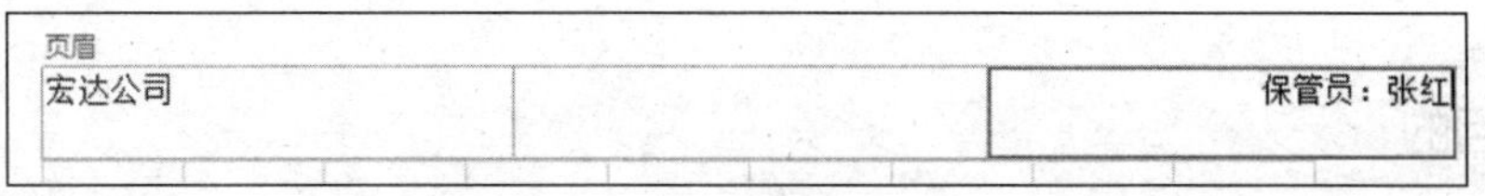

图 4-8　页眉设置

在“设计”选项卡的“导航”组中单击“转至页脚”按钮，转到页脚的编辑，然后在“页眉和页脚”组中单击“页脚”下拉按钮，在弹出的下拉列表中选择“第 1 页，共? 页”选项，如图 4-9 所示。

图 4-9　插入页脚

最后，在“视图”选项卡的“工作簿视图”组中单击“普通”按钮，则从页面布局视图切换到普通视图。

7. 页面设置

在“页面布局”选项卡的“页面设置”组中单击“页边距”下拉按钮，在其下拉列表中选择“自定义边距”选项，然后在打开的“页面设置”对话框中设置参数，如图 4-10 所示。

在“页面布局”选项卡的“页面设置”组中单击“打印标题”按钮，在打开的对话框中设置打印标题的“顶端标题行”，如图 4-11 所示。

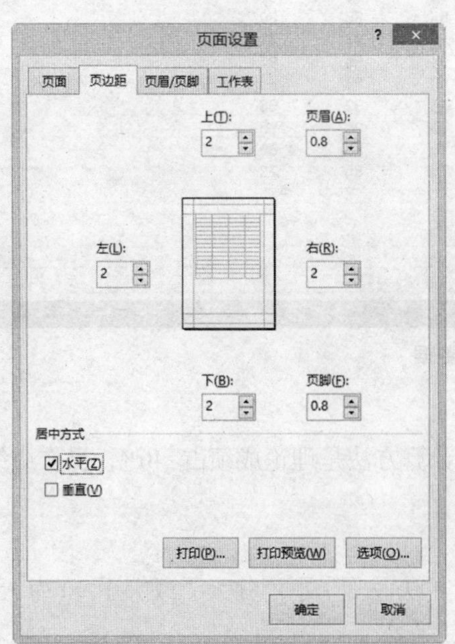

图 4-10　页边距设置

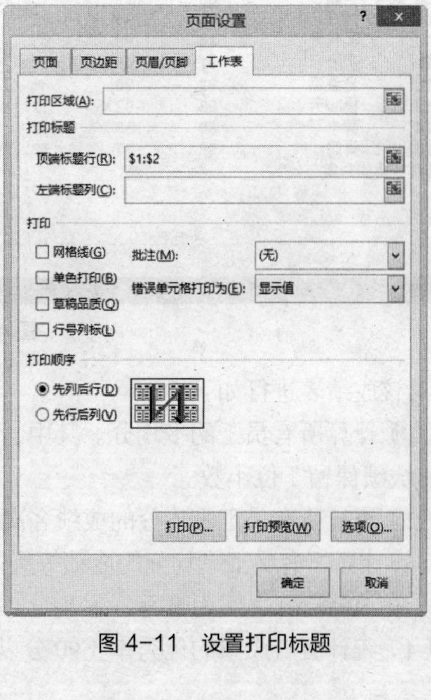

图 4-11　设置打印标题

8. 保存工作表

单击快速访问工具栏中的“保存”按钮，在打开的“另存为”对话框中输入文件名“办公用品登记表”后，单击“保存”按钮即可。

实验指导 2　掌握公式和函数的使用方法

实验目的

（1）掌握 Excel 公式的使用方法及相关操作。

（2）掌握 Excel 函数的使用方法及相关操作。

实验内容

本次实验的内容是对某公司的员工培训成绩进行统计计算，其原始数据如图 4-12 所示。

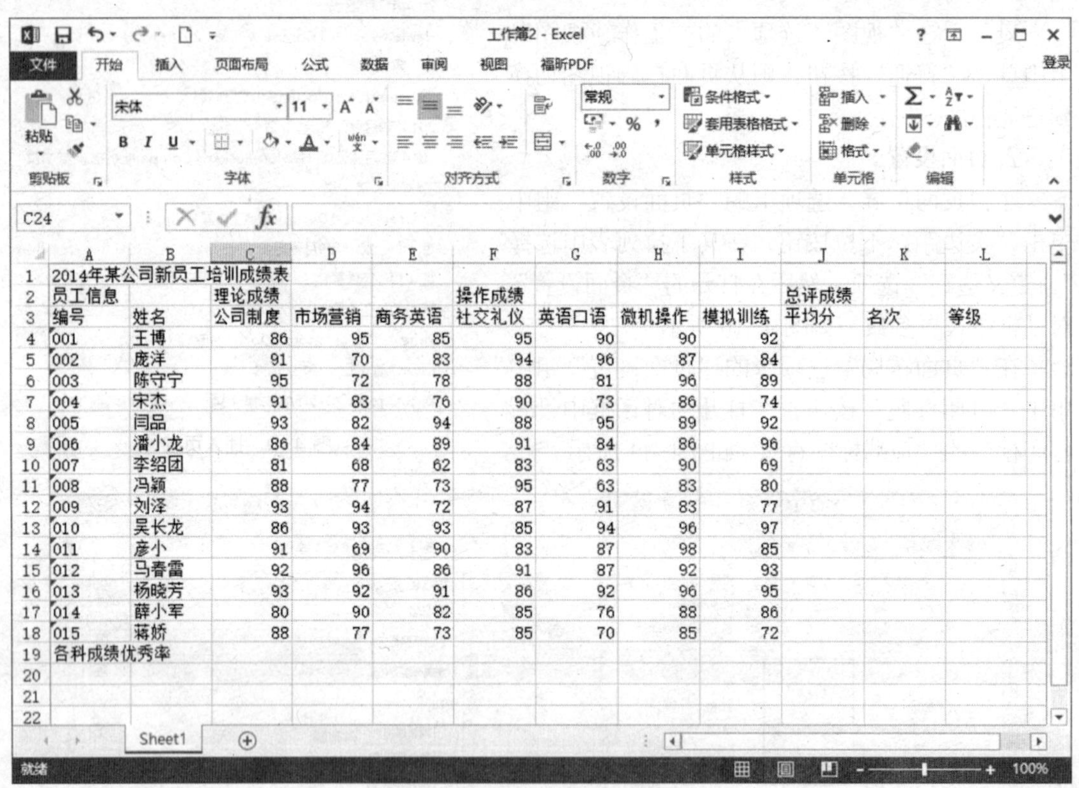

	A	B	C	D	E	F	G	H	I	J	K	L
1	2014年某公司新员工培训成绩表											
2	员工信息		理论成绩			操作成绩				总评成绩		
3	编号	姓名	公司制度	市场营销	商务英语	社交礼仪	英语口语	微机操作	模拟训练	平均分	名次	等级
4	001	王博	86	95	85	95	90	90	92			
5	002	庞洋	91	70	83	94	96	87	84			
6	003	陈守宁	95	72	78	88	81	96	89			
7	004	宋杰	91	83	76	90	73	86	74			
8	005	闫晶	93	82	94	88	95	89	92			
9	006	潘小龙	86	84	89	91	84	86	96			
10	007	李绍团	81	68	62	83	63	90	69			
11	008	冯颖	88	77	73	95	63	83	80			
12	009	刘泽	93	94	72	87	91	83	77			
13	010	吴长龙	86	93	93	85	94	96	97			
14	011	彦小	91	69	90	83	87	98	85			
15	012	马春雷	92	96	86	91	87	92	93			
16	013	杨晓芳	93	92	91	86	92	96	95			
17	014	薛小军	80	90	82	85	76	88	86			
18	015	蒋娇	88	77	73	85	70	85	72			
19	各科成绩优秀率											

图 4-12　原始数据

对该成绩表进行如下操作。

（1）计算所有员工的平均分。其中，平均分的计算方法是理论成绩占 40%，操作成绩占 60%，成绩保留 1 位小数。

（2）统计所有员工平均分的成绩名次。

（3）计算所有员工平均分的成绩等级。等级评定的方法是：平均分大于或等于 90 为 A 等，平均分在 80 到 90 之间为 B 等，平均分小于 80 为 C 等。

（4）统计各科成绩的优秀率（90 分以上），百分比格式，保留 1 位小数。

（5）对成绩表设置格式，效果如图 4-13 所示。

具体要求如下。

- 将 A1:L1 区域的报表标题设置为合并居中，隶书，22 号。
- 将 A2:L3 区域的表头设置为华文楷体，14 号，居中，合适的列宽。
- 将 A4:L19 区域的数据设置为华文中宋，12 号，居中（姓名左对齐）。
- 在 A2:L19 区域中添加图 4-13 所示的边框。

2014年某公司新员工培训成绩表

员工信息		理论成绩			操作成绩			总评成绩			
编号	姓名	公司制度	市场营销	商务英语	社交礼仪	英语口语	微机操作	模拟训练	平均分	名次	等级
001	王博	86	95	85	95	90	90	92	90.52	4	A
002	庞洋	91	70	83	94	96	87	84	86.68	7	B
003	陈守宁	95	72	78	88	81	96	89	85.77	9	B
004	宋杰	91	83	76	90	73	86	74	81.78	12	B
005	闫晶	93	82	94	88	95	89	92	90.47	5	A
006	潘小龙	86	84	89	91	84	86	96	88.08	6	B
007	李绍团	81	68	62	83	63	90	69	73.88	15	C
008	冯颖	88	77	73	95	63	83	80	79.88	13	C
009	刘泽	93	94	72	87	91	83	77	85.23	10	B
010	吴长龙	86	93	93	85	94	96	97	92.07	2	A
011	彦小	91	69	90	83	87	98	85	86.28	8	B
012	马春雷	92	96	86	91	87	92	93	90.98	3	A
013	杨晓芳	93	92	91	86	92	96	95	92.15	1	A
014	薛小军	80	90	82	85	76	88	86	83.85	11	B
015	蒋娇	88	77	73	85	70	85	72	78.53	14	C
各科成绩优秀率		53.33%	33.33%	20.00%	33.33%	33.33%	33.33%	40.00%			

图 4-13　最终效果

实验步骤

1. 计算所有员工总评成绩中的平均分

（1）先计算第 1 名员工的平均分。单击 J4 单元格，切换到“公式”选项卡，在“函数库”组中单击“自动求和”下拉按钮，在弹出的下拉列表中选择“平均值”选项，如图 4-14 所示，然后选择 C4:E4 单元格区域，编辑栏中出现公式“=AVERAGE（C4:E4）”。

（2）继续在编辑栏中输入公式内容“*0.4+”，然后单击左侧函数栏的下三角按钮，在弹出的下拉列表中选择“AVERAGE”选项插入第 2 个平均值函数，并选择 F4:I4 单元格区域，如图 4-15 所示，编辑栏中出现公式“=AVERAGE（C4:E4）*0.4+AVERAGE（F4:I4）”的计算。

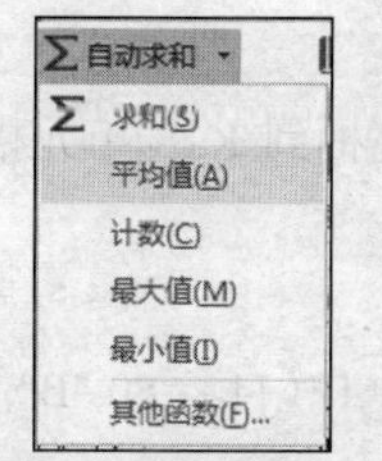

图 4-14　输入平均值函数

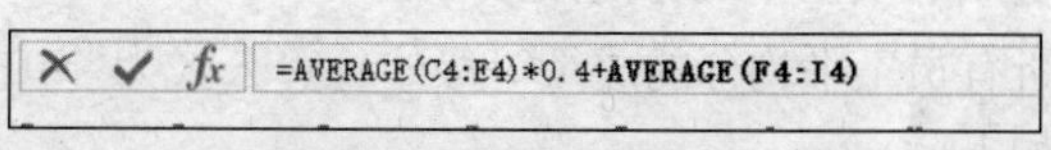

图 4-15　补充公式内容

（3）在编辑栏中继续输入公式内容“*0.6”，按 Enter 键，从而完成整个公式的输入。

第 1 名员工“平均分”的计算公式为“=AVERAGE（C4:E4）*0.4+AVERAGE（F4:I4）*0.6”。其他员工“平均分”的计算采用向下拖动 J4 单元格右下角的填充柄到 J18 单元格的方法来完成。

最后，选中 J4:J18 单元格区域并右击，在弹出的快捷菜单中选择“设置单元格格式”命令，然后在打开的对话框中切换到“数字”选项卡，设置单元格格式为数值格式，如图 4-16 所示。

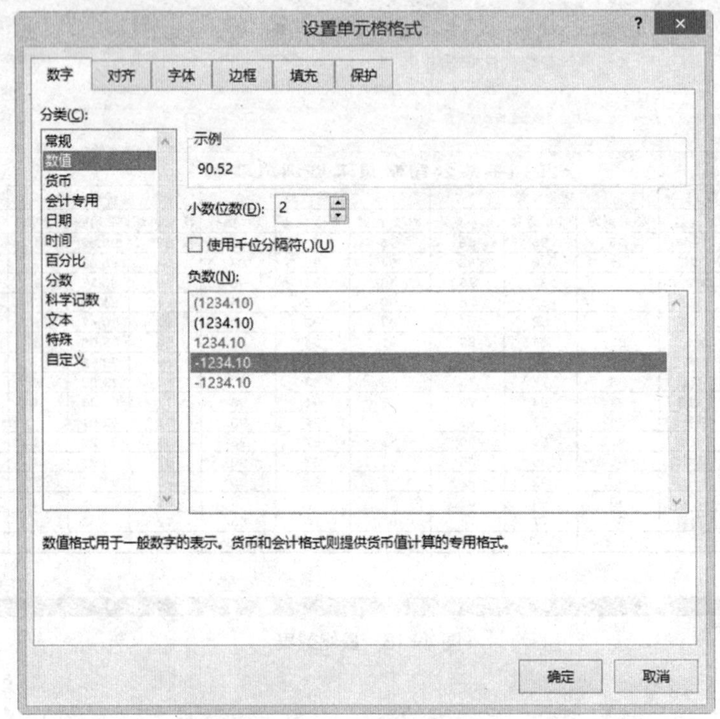

图 4-16 设置数值格式

2. 统计所有员工的总评成绩的名次

要统计所有员工的总评成绩的名次，先计算第 1 名员工的名次，其操作方法如下。

（1）定位到 K4 单元格，单击编辑栏左侧的“插入函数”按钮 f_x，如图 4-17 所示。

（2）在打开的图 4-18 所示的“插入函数”对话框中选择“选择函数”列表框中的 RANK 函数，单击“确定”按钮。

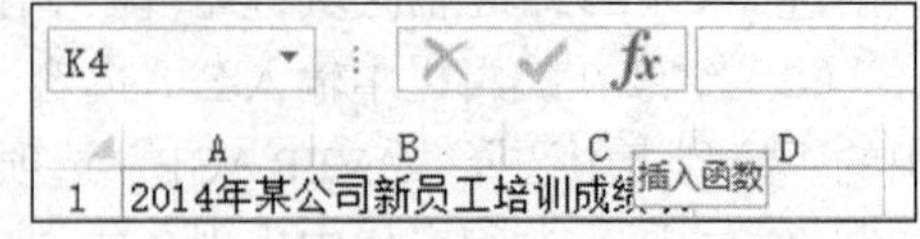

图 4-17 插入函数

（3）在打开的 RANK“函数参数”对话框中依次输入参数，如图 4-19 所示。注意 Ref 参数中的“$”无法通过区域选择直接产生，因此需要从键盘输入。单击“确定”按钮完成计算。

其他员工“名次”的计算采用向下拖动 K4 单元格右下角的填充柄到 K18 单元格的方法来完成。

3. 计算所有员工平均分的成绩等级

计算所有员工平均分的成绩等级的计算公式为“=IF（J4>=90,"A",IF（J4>=80,"B","C"））”，输入方法如下。

插入函数
搜索函数(S):
请输入一条简短说明来描述您想做什么，然后单击"转到"
转到(G)
或选择类别(C): 全部
选择函数(N):
QUOTIENT
RADIANS
RAND
RANDBETWEEN
RANK
RANK.AVG
RANK.EQ
RANK(number,ref,order)
此函数与 Excel 2007 和早期版本兼容。
返回某数字在一列数字中相对于其他数值的大小排名
有关该函数的帮助
确定
取消

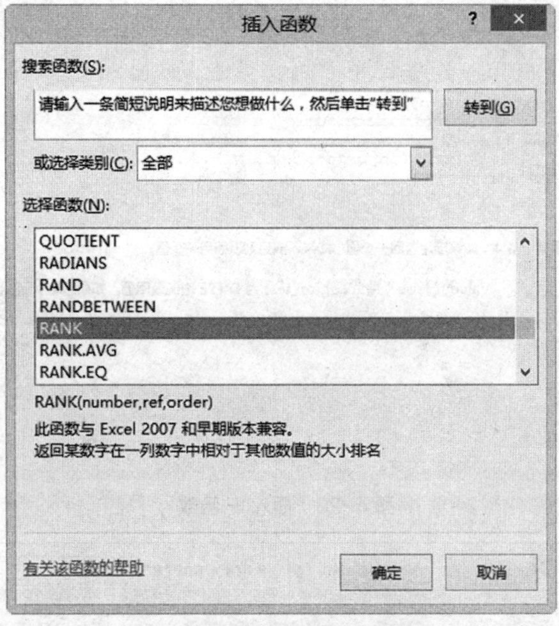

图 4-18 “插入函数”对话框

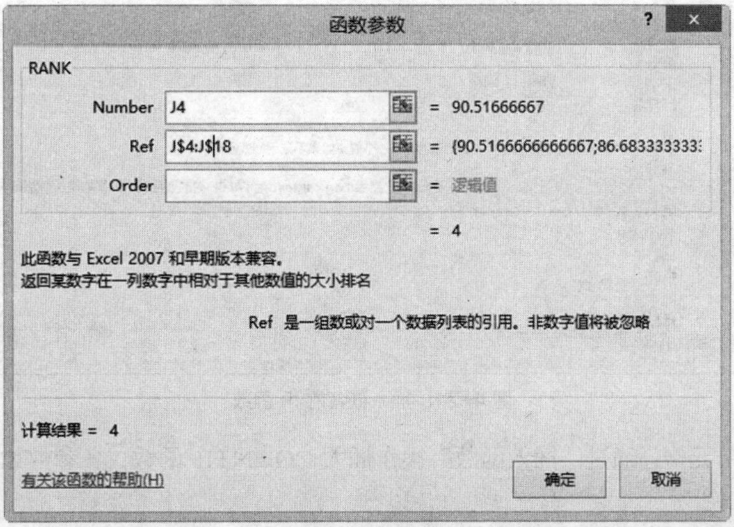

函数参数
RANK
Number J4 = 90.51666667
Ref J$4:J$18 = {90.5166666666667;86.683333333
Order = 逻辑值
= 4
此函数与 Excel 2007 和早期版本兼容。
返回某数字在一列数字中相对于其他数值的大小排名
Ref 是一组数或对一个数据列表的引用。非数字值将被忽略
计算结果 = 4
有关该函数的帮助(H)
确定
取消

图 4-19 RANK“函数参数”对话框

选中 L4 单元格，单击图 4-17 所示的“插入函数”按钮，在打开的“插入函数”对话框中选择“选择函数”列表框中的 IF 函数，单击“确定”按钮。在打开的对话框中依次输入 Logical_test 和 Value_if_true 的参数，如图 4-20 所示。然后将光标定位于 Value_if_false 文本框中，单击编辑栏左侧函数栏的下三角按钮，在弹出的下拉列表中选择 IF 函数，则在原有 IF 函数中插入了 1 个嵌套的 IF 函数，依次输入各参数，如图 4-21 所示。

单击“确定”按钮完成计算，然后向下拖动 L4 单元格右下角的填充柄到 L18 单元格，完成其他员工平均分的成绩等级计算。

4. 统计各科成绩的优秀率

计算各科成绩优秀率的计算公式为“=COUNTIF(C4:C18,">90")/COUNT(C4:C18)”，输入方法如下。

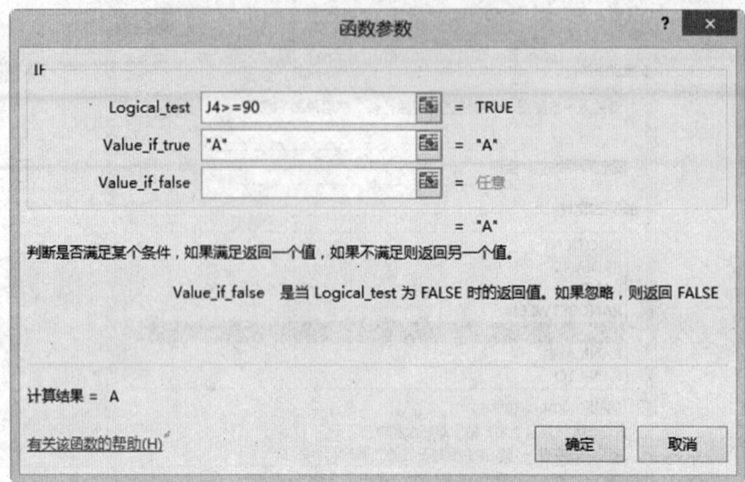

图 4-20　插入 IF 函数

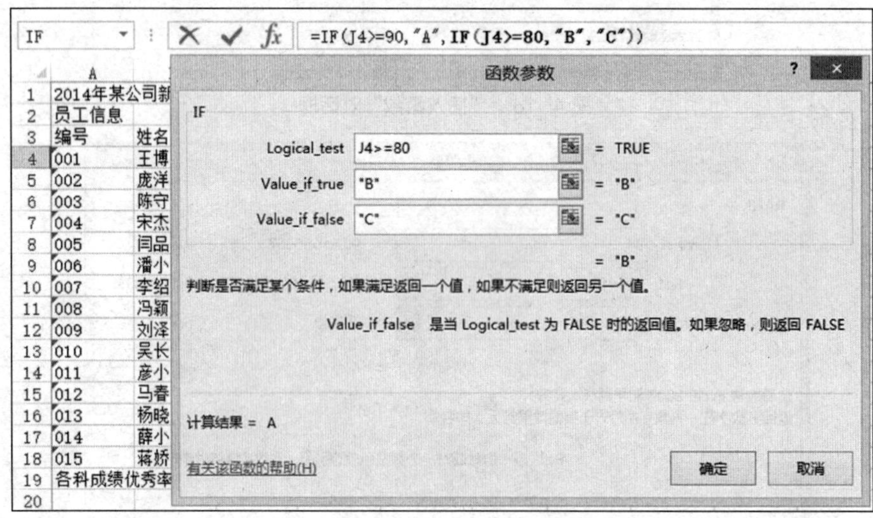

图 4-21　插入嵌套的 IF 函数

选中 C19 单元格，通过“插入函数”操作插入 COUNTIF 函数，各参数如图 4-22 所示，单击“确定”按钮。

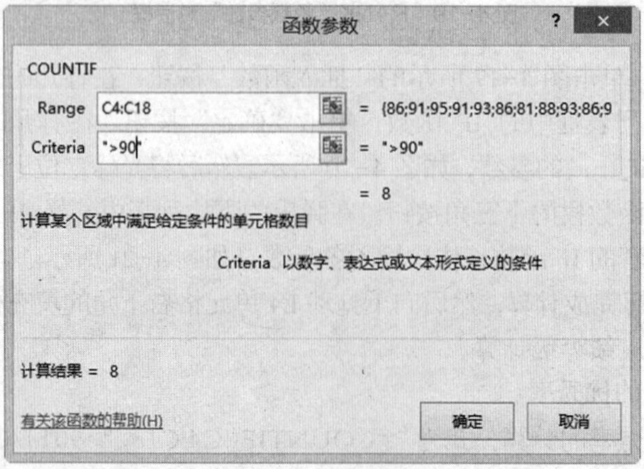

函数参数

COUNTIF

Range C4:C18 = {86;91;95;91;93;86;81;88;93;86;9

Criteria ">90" = ">90"

= 8

计算某个区域中满足给定条件的单元格数目

Criteria 以数字、表达式或文本形式定义的条件

计算结果 = 8

有关该函数的帮助(H)　确定　取消

图 4-22　COUNTIF“函数参数”对话框

在编辑栏输入除号“/”，然后选择左侧函数列表中的 COUNT 函数，如图 4-23 所示。

在弹出的 COUNT“函数参数”对话框中输入 Valuel 参数，如图 4-24 所示，单击“确定”按钮完成计算。

向右拖动 C19 单元格右下角的填充柄到 I19 单元格，完成其他科目的优秀率计算，然后选中 C19:I19 单元格区域，打开“设置单元格格式”对话框并设置百分比格式，如图 4-25 所示。

COUNTIF　=COUNTIF(C4:C18,">90")/

函数列表	B	C	D	E	F
COUNTIF	公司新员工培训成绩表				
IF		理论成绩			操作成绩
RANK	姓名	公司制度	市场营销	商务英语	社交礼仪
AVERAGE	王博	86	95	85	95
SUM	庞洋	91	70	83	94
HYPERLINK	陈守宁	95	72	78	88
COUNT	宋杰	91	83	76	90
MAX	闫晶	93	82	94	88
SIN	潘小龙	86	84	89	91
SUMIF					
其他函数...	李绍团	81	68	62	83

图 4-23　插入 COUNT 函数

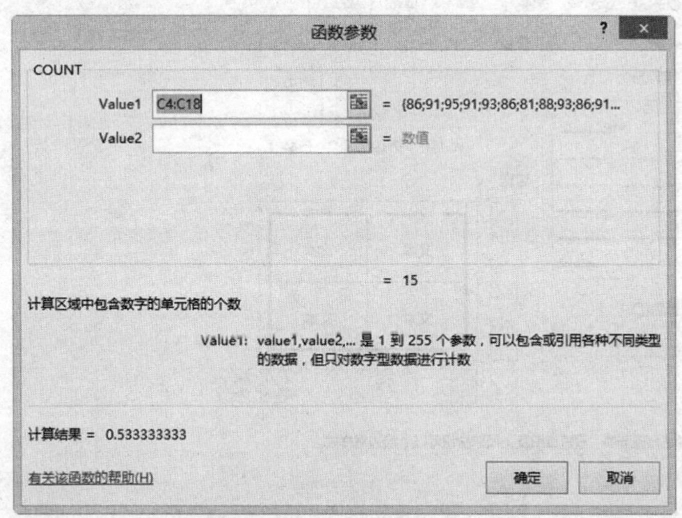

图 4-24　输入 Valuel 参数

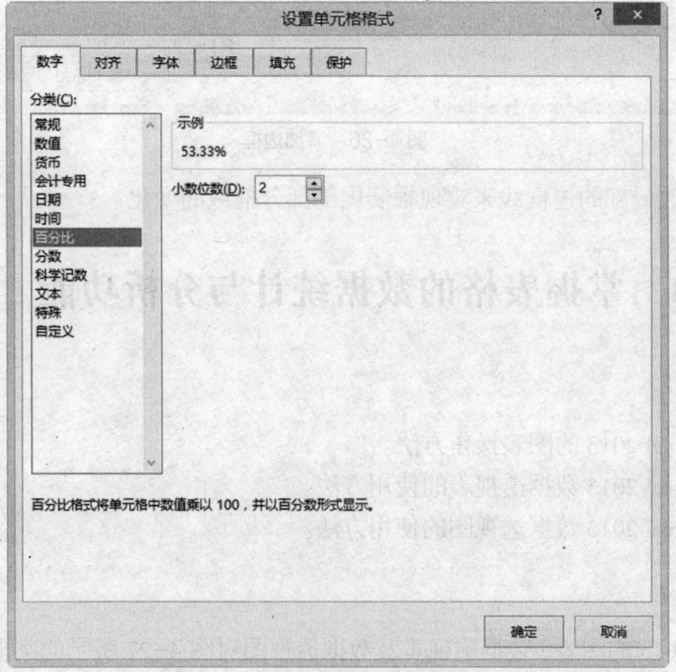

图 4-25　设置百分比格式

5. 对成绩表进行修饰排版操作

对工作表中的数据设置合并居中、字体、字号、列宽、对齐方式的操作可参考实验指导 1 中的相关操作来完成。

为数据报表添加边框的操作方法是：先选中需添加边框的单元格区域 A2:L19，右击，在弹出的快捷菜单中选择“设置单元格格式”命令，在打开的对话框中切换到“边框”选项卡，再选择“线条”为“最粗直线”，单击“外边框”按钮，选择“线条”为“细直线”，单击“内部”按钮，如图 4-26 所示，再单击“确定”按钮，从而添加了整体外粗内细的边框。

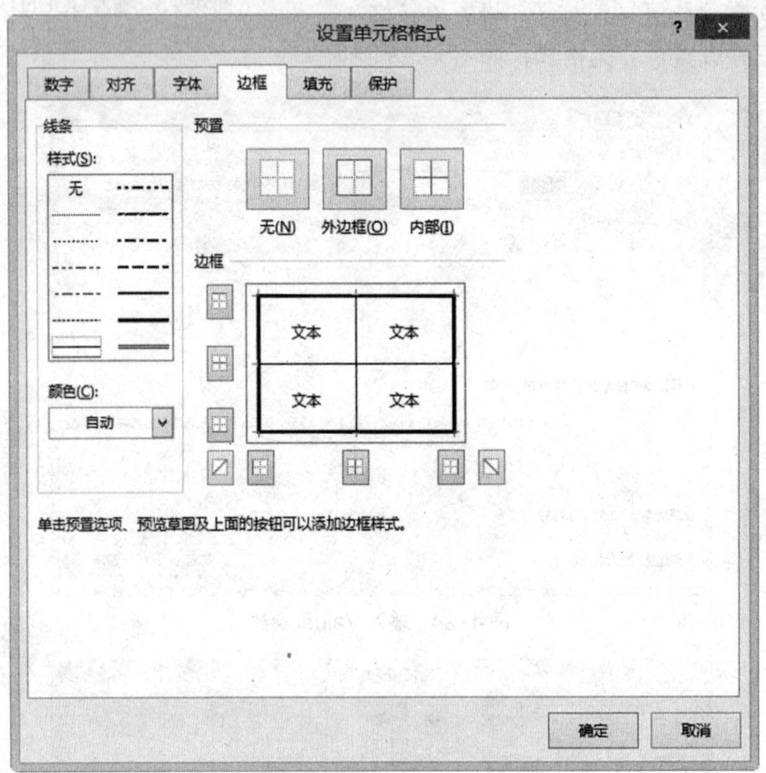

图 4-26　添加边框

然后通过修改局部的边框线来实现报表内部部分框线的变化。

实验指导 3　掌握表格的数据统计与分析功能

实验目的

（1）掌握 Excel 2013 的图表操作方法。

（2）掌握 Excel 2013 数据透视表的使用方法。

（3）掌握 Excel 2013 数据透视图的使用方法。

实验内容

利用 Excel 2013 的图表、数据透视表及数据透视图对图 4-27 所示的某电子工业有限公司 2014 年第 19 周产品质量分析报表进行数据分析。

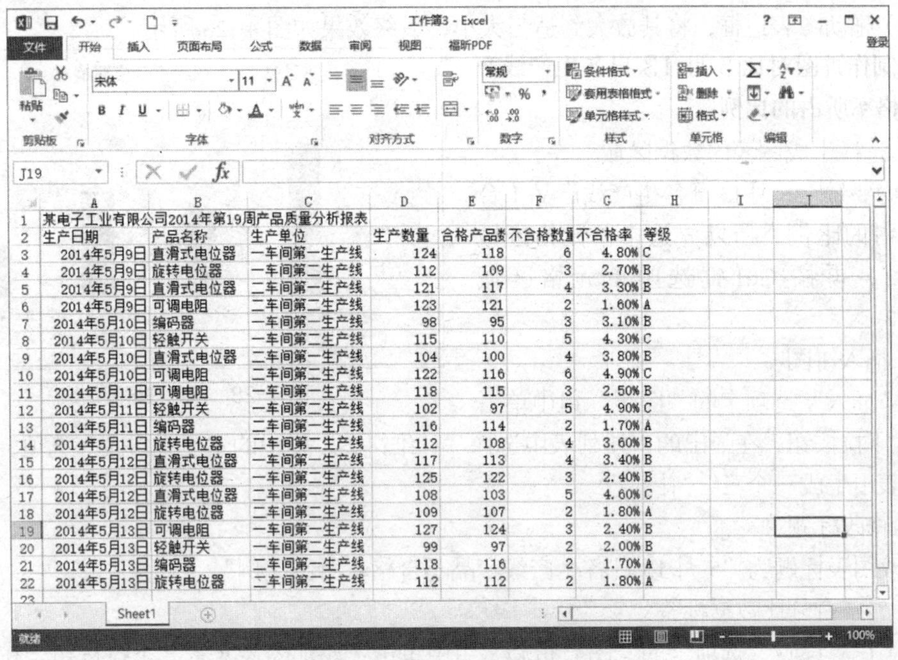

某电子工业有限公司2014年第19周产品质量分析报表							
生产日期	产品名称	生产单位	生产数量	合格产品数	不合格数量	不合格率	等级
2014年5月9日	直滑式电位器	一车间第一生产线	124	118	6	4.80%	C
2014年5月9日	旋转电位器	一车间第二生产线	112	109	3	2.70%	B
2014年5月9日	直滑式电位器	二车间第一生产线	121	117	4	3.30%	B
2014年5月9日	可调电阻	二车间第二生产线	123	121	2	1.60%	A
2014年5月10日	编码器	一车间第一生产线	98	95	3	3.10%	B
2014年5月10日	轻触开关	一车间第二生产线	115	110	5	4.30%	C
2014年5月10日	直滑式电位器	二车间第一生产线	104	100	4	3.80%	B
2014年5月10日	可调电阻	二车间第二生产线	122	116	6	4.90%	C
2014年5月11日	可调电阻	一车间第一生产线	118	115	3	2.50%	B
2014年5月11日	轻触开关	一车间第二生产线	102	97	5	4.90%	C
2014年5月11日	编码器	二车间第一生产线	116	114	2	1.70%	A
2014年5月11日	旋转电位器	二车间第二生产线	112	108	4	3.60%	B
2014年5月12日	直滑式电位器	一车间第一生产线	117	113	4	3.40%	B
2014年5月12日	旋转电位器	一车间第二生产线	125	122	3	2.40%	B
2014年5月12日	直滑式电位器	二车间第一生产线	108	103	5	4.60%	C
2014年5月12日	旋转电位器	二车间第二生产线	109	107	2	1.80%	A
2014年5月13日	可调电阻	一车间第一生产线	127	124	3	2.40%	B
2014年5月13日	轻触开关	一车间第二生产线	99	97	2	2.00%	B
2014年5月13日	编码器	二车间第一生产线	118	116	2	1.70%	A
2014年5月13日	旋转电位器	二车间第二生产线	112	112	2	1.80%	A

图 4-27　产品质量报表原始数据

操作要求如下。

（1）使用柱形图对比 5 月 9 日各生产线产品不合格率情况。

（2）使用饼图对比 5 月 13 日各生产线产品不合格率所占比例情况。

（3）使用数据透视表按生产日期汇总各生产线的合格产品总数。

（4）使用数据透视图（折线图）体现一车间产品不合格率的变化趋势。

（5）使用数据透视图（堆积圆柱图）对比第 19 周各类产品的合格产品总数。

实验步骤

1. 制作柱形图对比 5 月 9 日各生产线产品不合格率情况

1）选择生成图表的数据区域

因为要对比 5 月 9 日各生产线产品不合格率情况，所以先选中单元格区域 C2:C6，再按 Ctrl 键选中单元格区域 G2:G6。

2）插入柱形图

在“插入”选项卡的“图表”组中单击“柱形图”下拉按钮，在其下拉列表中选择“二维柱形图”栏中的“簇状柱形图”选项，则在当前工作表中生成一个簇状柱形图。

3）插入并修改标题

（1）切换到“图表工具”上下选项卡的“设计”选项卡，在“图表布局”组中单击“添加图表元素”下拉按钮，在弹出的下拉列表中选择“轴标题”→“主要横坐标轴”选项插入横坐标轴标题。

（2）再次单击“图表布局”组中的“添加图表元素”下拉按钮，在弹出的下拉列表中选择“轴标题”→“主要纵坐标轴”选项插入纵坐标轴标题。

（3）修改图表标题为“5 月 9 日各生产线不合格率情况”，横坐标轴标题为“生产单位”，纵坐标轴标题为“不合格率”。

（4）拖动图表边框，将其放大到适当大小，最终效果如图 4-28 所示。

2. 制作饼图对比 5 月 13 日各生产线产品不合格率所占的比例

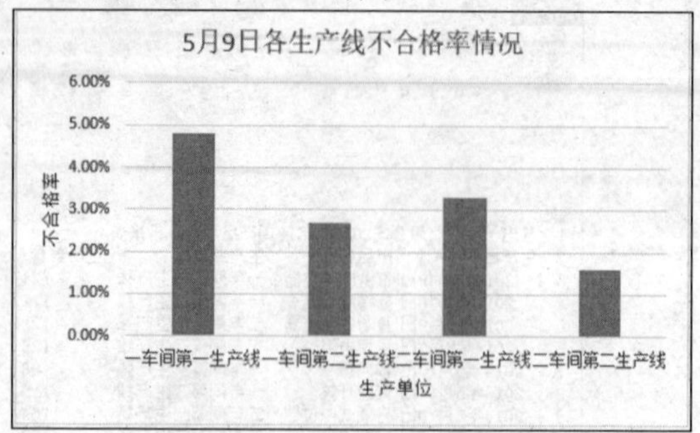

图 4-28 簇状柱形图结果

1）选择生成图表的数据区域

因为要对比 5 月 13 日各生产线产品不合格率所占的比例，所以先选中单元格区域 C19:C22，再按 Ctrl 键选中单元格区域 G19:G22。

2）插入饼图

在“插入”选项卡的“图表”组中单击“饼图”下拉按钮，在弹出的下拉列表中选择“三维饼图”栏中的“三维饼图”选项，则在当前工作表中生成一个三维饼图。

3）修改标题

修改图表标题为“5 月 13 日各生产线产品不合格率所占比例”。

4）显示百分比数据标签

（1）在“设计”选项卡的“图表布局”组中单击“添加图表元素”下拉按钮，在弹出的下拉列表中选择“数据标签”→“其他数据标签选项”命令，打开“设置数据标签格式”窗格，切换到“标签选项”选项卡，选中“百分比”复选框，如图 4-29 所示。

（2）单击“关闭”按钮完成饼图制作。拖动图表边框，将其放大到适当大小即可，如图 4-30 所示。

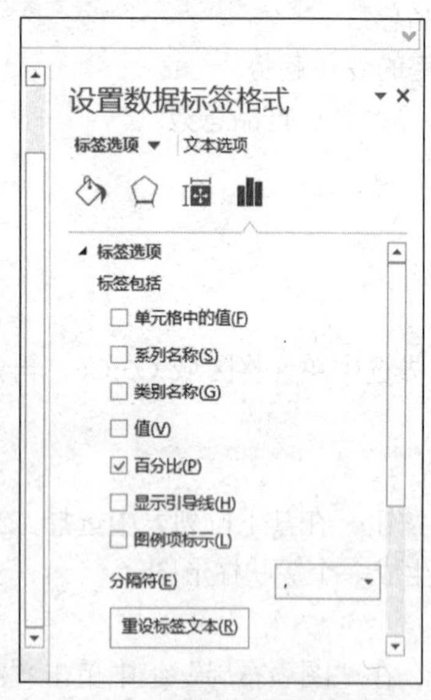

图 4-29 “设置数据标签格式”窗格

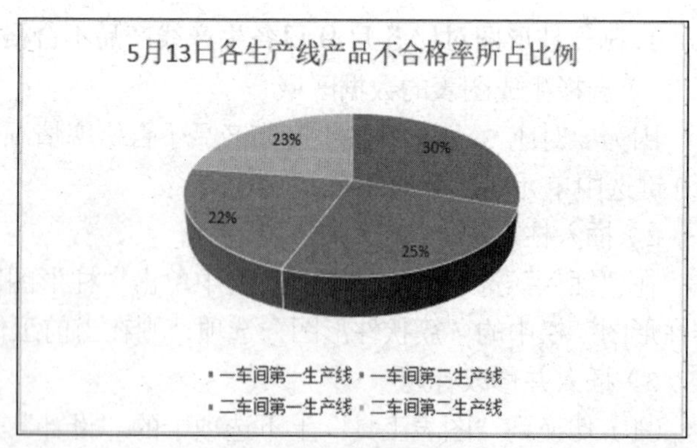

图 4-30 饼图结果

3. 制作数据透视表

制作数据透视表实现按生产日期汇总各生产线生产的各类产品的合格产品总数。其操作方法如下。

1）插入数据透视表

新建一个数据表 Sheet2 并将光标定位到 Sheet2 工作表的 A1 单元格中，在“插入”选项卡的“表格”组中单击“数据透视表”按钮，打开“创建数据透视表”对话框，设置“表/区域”为 Sheet1 工作表的 A2:H22 单元格区域，如图 4-31 所示。

图 4-31 “创建数据透视表”对话框

2）数据透视表布局

在图 4-31 中单击“确定”按钮，进入数据透视表布局阶段。此时，在窗口右侧打开“数据透视表字段”窗格，如图 4-32 所示，选择“生产日期”“产品名称”“生产单位”“合格产品数量”4 个字段，并将“生产日期”字段按钮从“行”处拖动到“筛选器”处，将“产品名称”字段按钮从“行”处拖动到“列”处，即可完成数据透视表的创建。

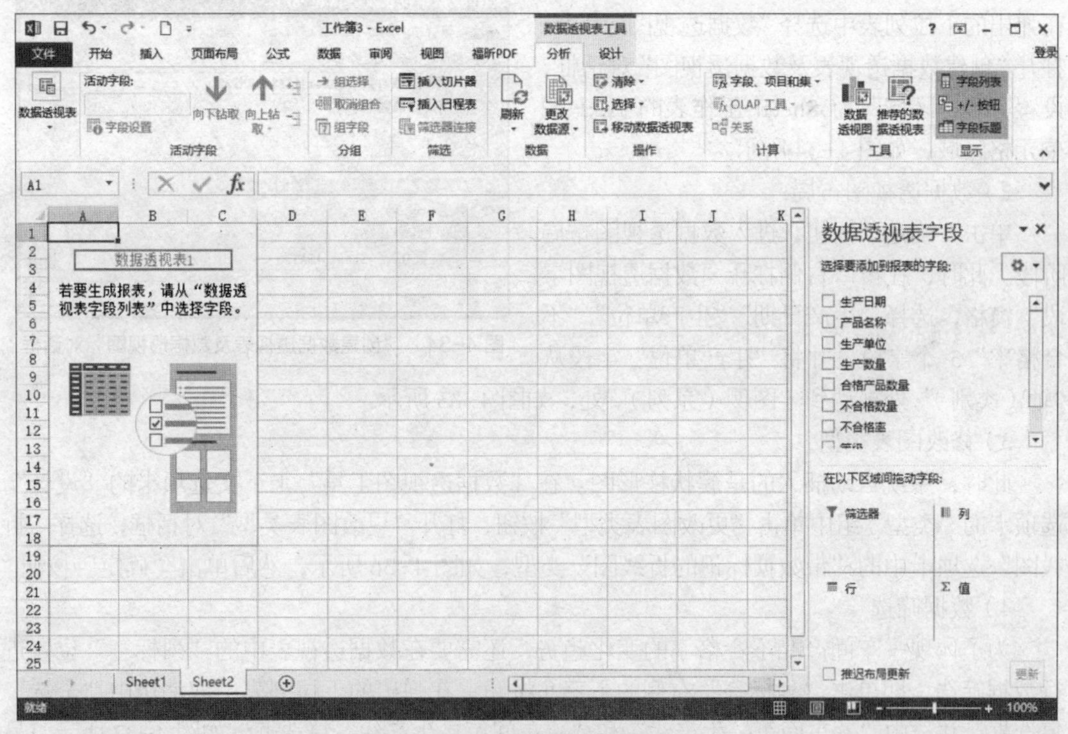

图 4-32 设置数据透视表字段

3）数据筛选

在“生产日期”处选择“2014 年 5 月 11 日”，得到图 4-33 所示的结果。

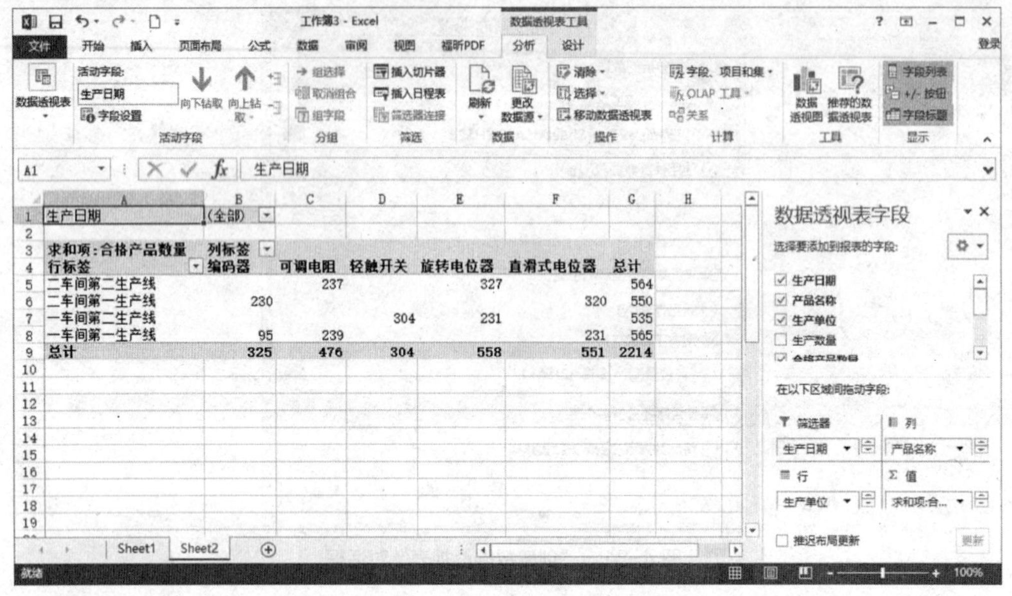

生产日期	(全部)					
求和项:合格产品数量	列标签					
行标签	编码器	可调电阻	轻触开关	旋转电位器	直滑式电位器	总计
二车间第二生产线		237		327		564
二车间第一生产线	230				320	550
一车间第二生产线			304	231		535
一车间第一生产线	95	239			231	565
总计	325	476	304	558	551	2214

图 4-33 数据透视表设置结果

4. 使用数据透视图（折线图）体现一车间产品不合格率的变化趋势

1）插入数据透视图

新建工作表 Sheet3 并将光标定位到 Sheet3 工作表的 A3 单元格中，在“插入”选项卡的“图表”组中单击“数据透视图”下拉按钮，在弹出的下拉列表中选择“数据透视图”命令，打开“创建数据透视表及数据透视图”对话框，设置“表 / 区域”为 Sheetl 工作表的 A2:H22 单元格区域，如图 4-34 所示。

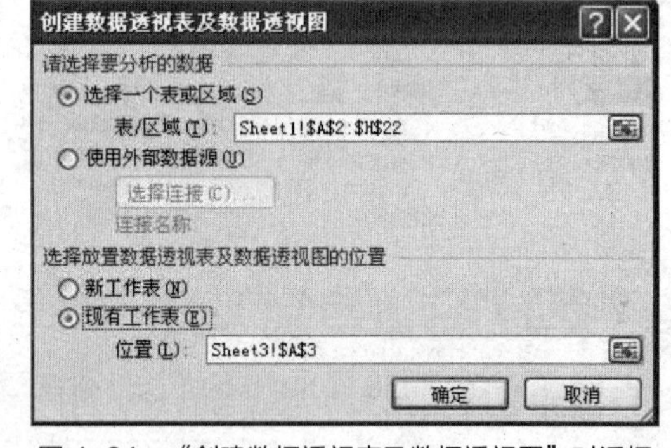

图 4-34 “创建数据透视表及数据透视图”对话框

2）数据透视图布局

单击“确定”按钮，进入数据透视图布局阶段。此时，在窗口右侧打开“数据透视图字段”窗格，选择“生产日期”“生产单位”“不合格率”3 个字段，并将“生产单位”字段从“轴（类别）”处拖动到“图例（系列）”处，如图 4-35 所示。

3）修改图表类型

此时，系统自动插入的是簇状柱形图。在“数据透视图工具”上下文选项卡的“设计”选项卡的“类型”组中单击“更改图表类型”按钮，打开“更改图表类型”对话框，选择“折线图”选项卡中的“带数据标记的折线图”类型，如图 4-36 所示，然后单击“确定”按钮。

4）数据筛选

为了体现一车间产品不合格率的变化趋势，还需要在数据透视表中的“列标签”位置进行数据筛选，即单击“列标签”右侧的下三角按钮，在弹出的下拉列表中取消选中“全选”复选框，并选中“一车间第一生产线”和“一车间第二生产线”复选框，如图 4-37 所示，最后单击“确定”按钮。

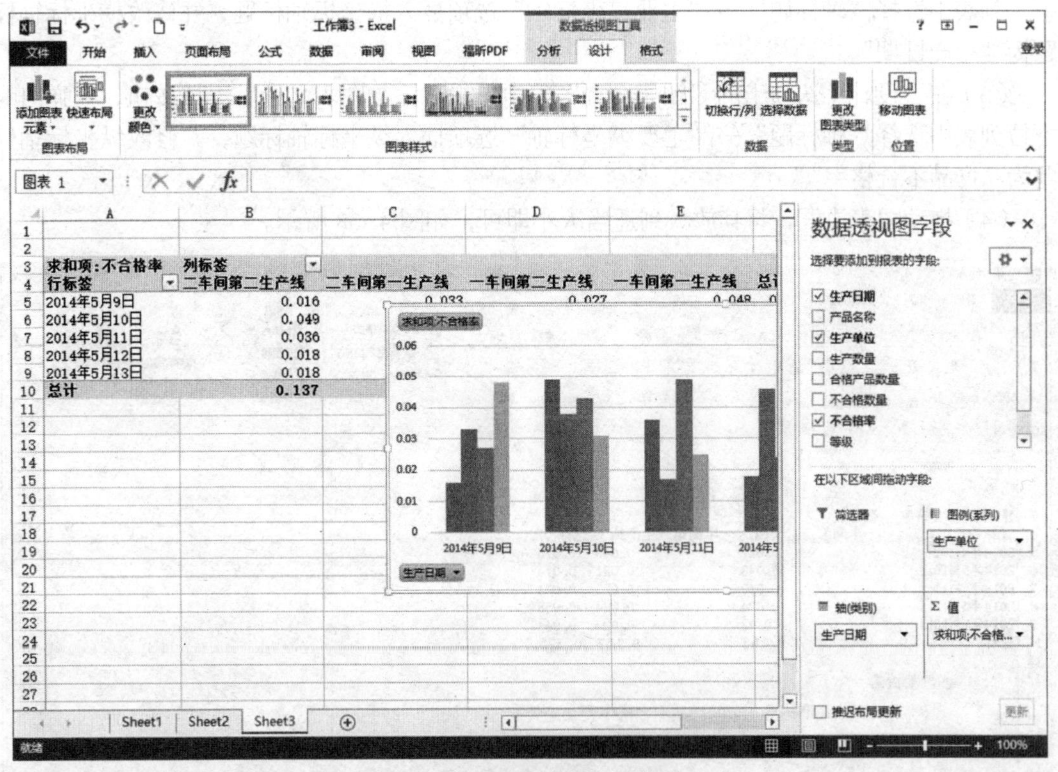

图 4-35 设置数据透视图字段

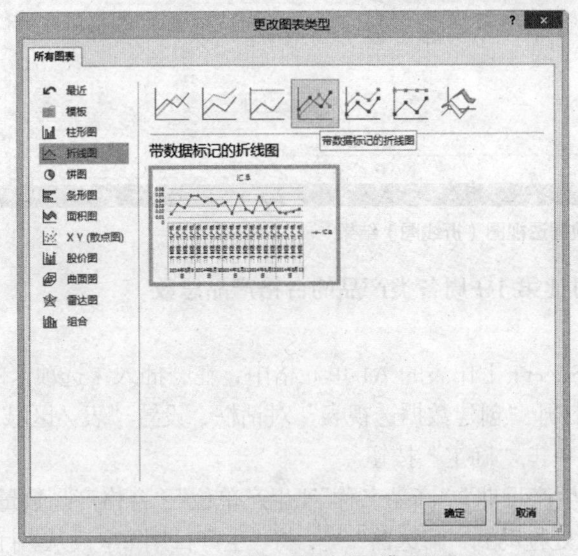

图 4-36 “更改图表类型”对话框

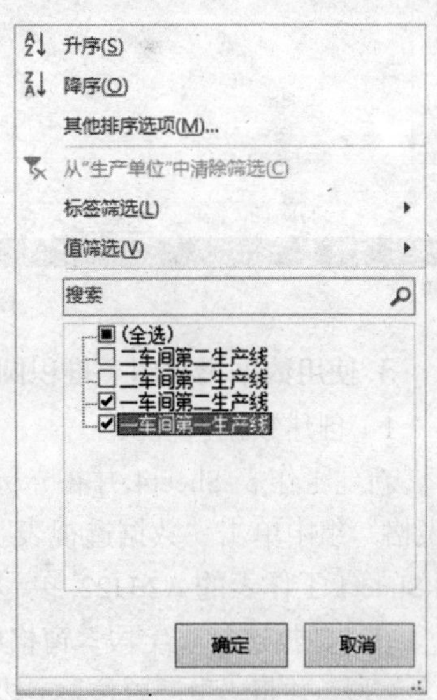

图 4-37 “列标签”筛选数据

5）修饰图表

（1）选中图表，然后在“数据透视图工具”上下文选项卡的“设计”选项卡的“图表布局”组中单击“添加图表元素”下拉按钮，在弹出的下拉列表中选择“图表标题”→“图表上方”选项插入图表标题，并修改图表标题为“第 19 周一车间产品不合格率变化趋势”。

（2）在“设计”选项卡的“图表布局”组中单击“添加图表元素”下拉按钮，在弹出的下拉列表中选择“轴标题”→“主要横坐标轴”选项插入横坐标轴标题，并修改横坐标轴标题为“生产日期”。

（3）在“设计”选项卡的“图表布局”组中单击“添加图表元素”下拉按钮，在弹出的下拉列表中选择“轴标题”→“主要纵坐标轴”选项插入纵坐标轴标题，并修改纵坐标轴标题为“产品不合格率”。

（4）拖动图表边框，将其放大到适当大小即可，如图 4-38 所示。

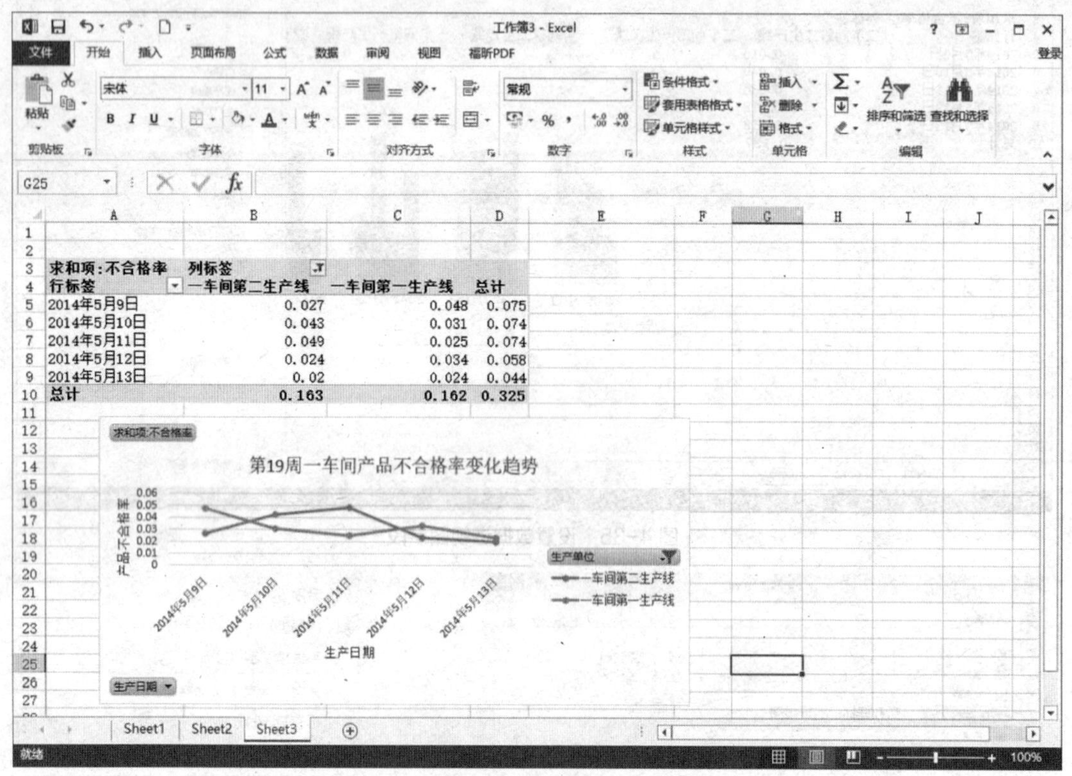

图 4-38　数据透视图（折线图）结果

5. 使用数据透视图（堆积圆柱图）对比第 19 周各类产品的合格产品总数

1）创建数据透视表

新建工作表 Sheet4 并将光标定位到 Sheet4 工作表的 A1 单元格中，在“插入”选项卡的“表格”组中单击“数据透视表”按钮，打开“创建数据透视表”对话框，设置“表 / 区域”为 Sheet1 工作表的 A2:H22 单元格区域，单击“确定”按钮。

在“数据透视表字段”窗格中选择“生产日期”“产品名称”“生产单位”“合格产品数量”4 个字段，并将“生产单位”字段从“行”处拖动到“筛选器”处，将“生产日期”字段从“行”处拖动到“列”处。

通过上述操作，得到图 4-39 所示的数据透视表。

2）插入图表

将光标定位到数据透视表中，在“插入”选项卡的“图表”组中单击“柱形图”下拉按钮，在弹出的下拉列表中选择“堆积圆柱图”选项，则在当前工作表中插入一个堆积圆柱图。

选中图表，切换到“数据透视图工具”上下文选项卡的“设计”选项卡，在“位置”组中单击“移动图表”按钮，打开“移动图表”对话框，选中“新工作表”单选按钮，如图 4-40 所示，单击“确定”按钮。

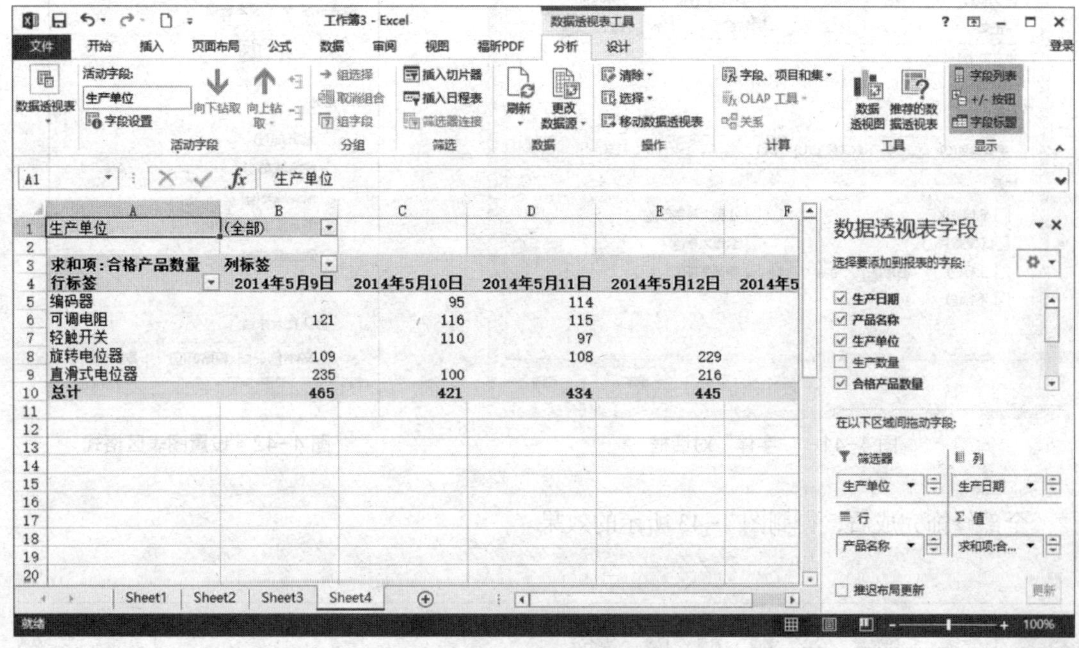

图 4-39　新创建的数据透视表

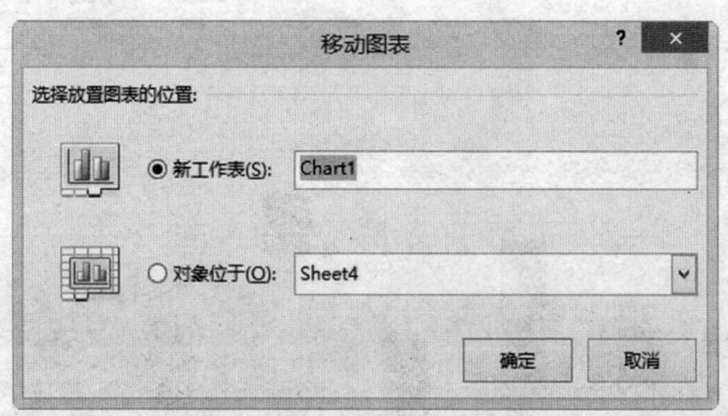

图 4-40　“移动图表”对话框

3）修饰图表

插入“图表标题”为“2014 年第 19 周各类产品的产量对比”，插入横坐标轴标题为“产品名称”，插入纵坐标轴标题为“产量”，操作方法同上例。

设置各标题、图例及坐标轴的字体，操作方法为右击相应位置，在弹出的快捷菜单中选择“字体”命令，打开“字体”对话框，即可设置“中文字体”“字体样式”“大小”及“字体颜色”等选项，如图 4-41 所示。

设置图表区的填充效果，操作方法为右击图表区，在弹出的快捷菜单中选择“设置图表区格式”命令，打开“设置图表区格式”窗格，设置“填充”为“图片或纹理填充”，如图 4-42 所示。设置背面墙的填充效果与图表区的操作方法相同。

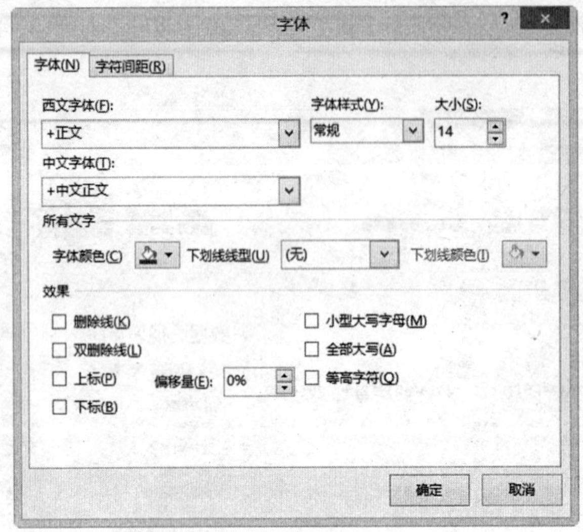

图 4-41 “字体”对话框

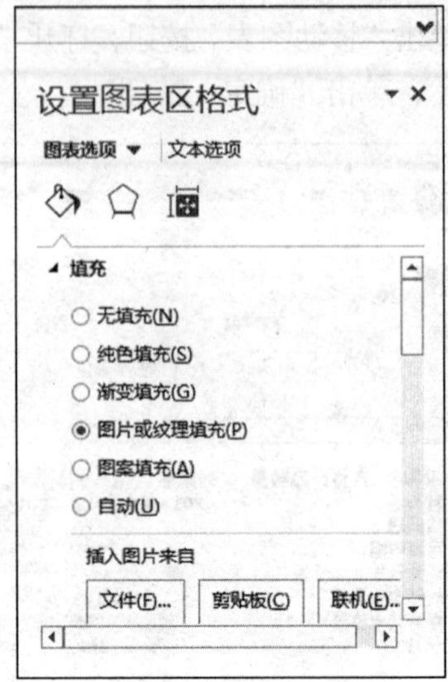

图 4-42 设置图表区格式

全部修饰完成后，得到图 4-43 所示的效果。

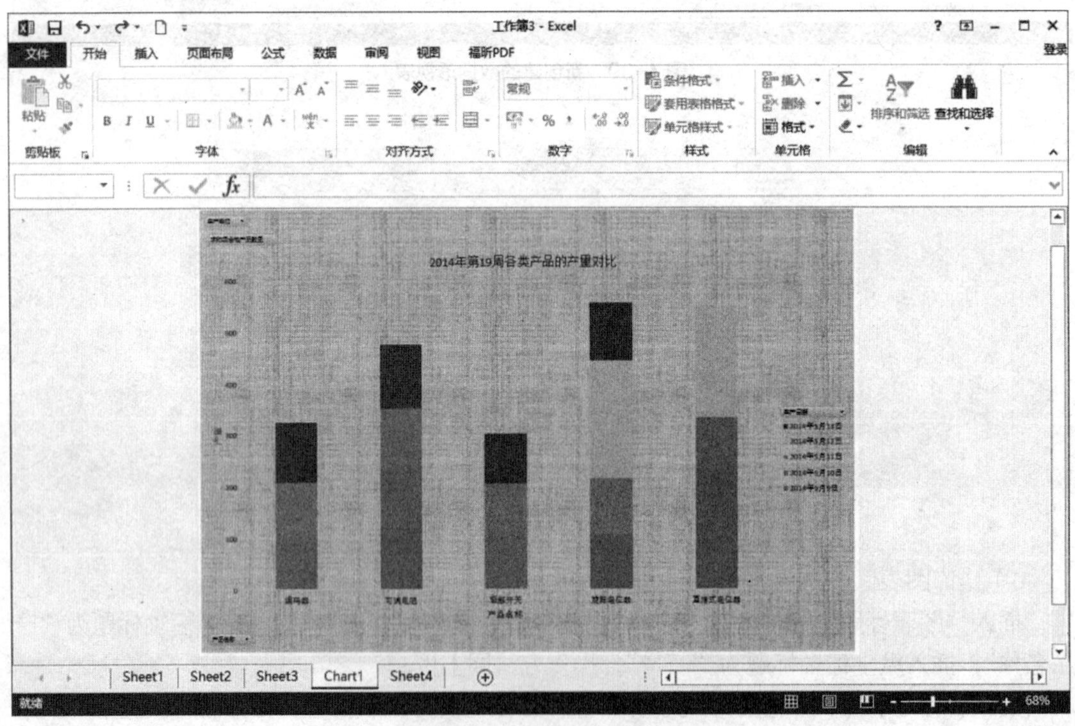

图 4-43 数据透视图最终效果

习题

一、选择题

1. 在 Excel 2013 默认建立的工作簿中，含有的工作表个数是（　　）。
   A. 0　　B. 1　　C. 2　　D. 3
2. 在 Excel 2013 公式中，地址引用 E$6 是（　　）引用。
   A. 绝对地址　　B. 相对地址　　C. 混合地址　　D. 都不是
3. 在 Excel 2013 默认建立的工作簿中，用户对工作表（　　）。
   A. 可以增加或删除　　B. 不可以增加或删除
   C. 只能增加　　D. 只能删除
4. 在 Excel 2013 中，日期型数据默认的对齐方式为（　　）。
   A. 靠左对齐　　B. 靠右对齐　　C. 居中对齐　　D. 两端对齐
5. 在 Excel 2013 中，输入的文本数据默认的对齐方式为（　　）。
   A. 靠左对齐　　B. 靠右对齐　　C. 居中对齐　　D. 两端对齐
6. 在 Excel 2013 中，先选定某单元格后单击“复制”按钮，再选中目标单元格后单击“粘贴”按钮，此时被粘贴的是原单元格中的（　　）。
   A. 格式和批注　　B. 数值和格式　　C. 格式和公式　　D. 全部
7. 如果 Excel 2013 工作表某单元格显示为#DIV/0!，这表示（　　）。
   A. 行高不够　　B. 列宽不够　　C. 公式错误　　D. 格式错误
8. 在 Excel 2013 中进行操作时，发现某个单元格中的数值显示变为“##########”，下列哪种操作能正常显示该数值？（　　）
   A. 重新输入数据　　B. 调整该单元格行高
   C. 设置数字格式　　D. 调整该单元格列宽
9. 用 Delete 键来删除选定单元格数据时，它删除了单元格的（　　）。
   A. 内容　　B. 格式　　C. 批注　　D. 全部
10. 利用填充柄对单元格中的公式进行向下复制时，公式中的（　　）会发生变化。
    A. 相对引用的行号　　B. 相对引用的列号
    C. 绝对引用的行号　　D. 绝对引用的列号
11. 在 Excel 2013 中，下列引用地址为绝对引用地址的是（　　）。
    A. $ D3　　B. A$6　　C. F8　　D. $C$9
12. 在 Excel 2013 中，各类运算符的优先级由高到低顺序为（　　）。
    A. 数学运算符、比较运算符、字符串运算符
    B. 数学运算符、字符串运算符、比较运算符
    C. 比较运算符、字符串运算符、数学运算符
    D. 字符串运算符、数学运算符、比较运算符
13. 选定工作表全部单元格的方法是：单击工作表的（　　）。
    A. 列标　　B. 编辑栏中的名称
    C. 行号　　D. 行号和列号交叉处的“全选”按钮
14. Excel 2013 中的文字连接运算符号为（　　）。
    A. $　　B. &　　C. %　　D. @

15. 在 Excel 2013 中，下面关于分类汇总的叙述正确的是（　　）。
A. 分类汇总前必须按关键字段进行排序
B. 汇总方式只能是求和
C. 分类汇总的关键字段可以是多个字段
D. 分类汇总后不能被删除

16. 在单元格中输入（　　），使该单元格显示 0.5。
A. 3/6　　B. "3/6"　　C. ="3/6"　　D. =3/6

17. 若在单元格 B1 的公式中有地址引用为 A$7，将其复制到 F1 单元格后，公式中的地址引用将变为（　　）。
A. A$7　　B. D$11　　C. F$7　　D. F$11

18. 在 Excel 2013 中，若要实现插入式移动单元格，则在对单元格剪切后，在目标单元格处执行（　　）操作。
A. “粘贴”下拉菜单中的“选择性粘贴”命令
B. “粘贴”下拉菜单中的“粘贴链接”命令
C. 快捷菜单中的“粘贴”命令
D. 快捷菜单中的“插入剪切的单元格”命令

19. 利用鼠标并配合键盘上的（　　）键可以同时选取数个不连续的单元格区域。
A. Ctrl　　B. Alt　　C. Shift　　D. Esc

20. 在 Excel 2013 中，选择连续区域可以用鼠标和（　　）键配合来实现。
A. Ctrl　　B. Alt　　C. Shift　　D. Esc

21. 假如单元格 D2 的值为 6，则函数“=IF（D2>8，D2/2，D2*2）”的结果为（　　）。
A. 3　　B. 6　　C. 8　　D. 12

22. 在 Excel 2013 中，按 Ctrl+End 组合键，光标将移到（　　）。
A. 当前工作表最后一行　　B. 当前工作表的表头
C. 最后一个工作表的表头　　D. 当前工作表有效区的右下角

23. 在某公式中引用单元格地址“sheet1! A2”，其意义为（　　）。
A. sheet1 为工作簿名，A2 为单元格地址
B. sheet1 为单元格地址，A2 为工作表名
C. sheet1 为工作表名，A2 为单元格地址
D. 单元格的行、列标

24. 打印 Excel 2013 工作表时，欲使每页都打印顶端标题行，应在“页面设置”对话框的（　　）选项卡中操作。
A. 页面　　B. 页边距　　C. 页眉/页脚　　D. 工作表

25. 在 Excel 2013 中打印表格时，要使该表格在页面中居中，应（　　）。
A. 在“自定义页边距”中设置“居中方式”为“水平”
B. 选定整个表格，在“对齐方式”中选择“水平对齐”为“跨列居中”
C. 选定整个表格，单击“对齐方式”工具栏组中的“居中”按钮
D. 以上答案都错

26. 若在 Excel 2013 的 A2 单元中输入公式“=8^2”，则其显示结果为（　　）。
A. 16　　B. 64　　C. =8^2　　D. 8^2

27. 按填充方向选定两个数值型数据的单元格，则填充按（　　）填充。

A. 等比数列　　B. 等差数列　　C. 递增顺序　　D. 递减顺序

28. Excel 2013 的自动筛选功能将使（　　）。

A. 满足条件的记录显示出来，而删除掉不满足条件的数据

B. 不满足条件的记录暂隐藏起来，只显示满足条件的数据

C. 不满足条件的数据用另外一个工作表保存起来

D. 满足条件的数据突出显示

29. Excel 2013 的图表类型有多种，其中折线图最适合反映（　　）。

A. 数据之间量与量的大小差异

B. 数据之间的对应关系

C. 单个数据在所有数据构成的总和中所占比例

D. 数据间量随时间的变化趋势

30. Excel 2013 的图表类型有多种，其中饼图最适合反映（　　）。

A. 数据之间量与量的大小差异

B. 数据之间的对应关系

C. 单个数据在所有数据构成的总和中所占比例

D. 数据间量随时间的变化趋势

二、填空题

1. 在 Excel 2013 中，工作簿文件的文件扩展名为________。

2. 启动 Excel 2013，系统默认工作簿的名称为________，默认建立________个工作表，工作表的默认名称为________。

3. 在 Excel 2013 中，被选中的单元格称为________。

4. 在 Excel 2013 中，被选中单元格的右下角黑点称为________。

5. 将鼠标指针指向某工作表标签，按 Ctrl 键拖动标签到新位置，则完成________操作；若拖动过程中不按 Ctrl 键，则完成________操作。

6. 在对数据进行分类汇总前，必须对数据进行________操作。

7. 对于 D 列第五行的单元格，其绝对引用地址表示为________，其相对引用地址表示为________。

8. 假设 A2 单元格内容为 300（文本格式），A3 单元格内容为数值 5，则函数 COUNT（A2:A3）的值为________。

9. 在输入日期型数据时，可使用的分隔符是________、________。

10. 在 Excel 2013 中，调整最适合的列宽的最简便的方法是：先选中列，再将鼠标指针指向列号右侧边缘处，待指针变成左右双向箭头时，________，系统便会自动调整列宽。

11. 在 Excel 2013 中，“Sheet1! $A$1:$C$10”表示________。

12. 在 Excel 2013 的函数中，AVERAGE( )表示________函数，MAX( )表示________函数。

13. 在 Excel 2013 中，若要输入分数形式的数据 2/3，应直接输入________。

14. 在高级筛选操作中，设置筛选条件时，具有“________”关系的多重条件放在同一行，具有“________”关系的多重条件放在不同行。筛选条件中可以使用通配符“？”和“*”，其中“？”代表________，“*”代表________。

15. 通过分类来合并计算数据时，若数据源区域顶行有分类标记，则在“合并计算”对话框中选定“________”复选框；若数据源区域左列有分类标记，则选定“________”复选框。

三、判断题

1. 在 Excel 2013 中，只能在单元格内编辑输入的数据。(　　)

2. 数值型数据默认的对齐方式是右对齐。(　　)

3. 工作簿是指 Excel 2013 用来存储和处理数据的文件，是存储数据的基本单位。(　　)

4. 单元格的数据格式一旦设定后，不可以改变。(　　)

5. 数据清单中的第一行称为标题行。(　　)

6. 若针对工作表数据已建立图表，则修改工作表中的数据，其对应的图表会自动完成对应的修改。(　　)

7. Excel 2013 会自动调整行的高度以适应行中所用的最大字体的高度。(　　)

8. 在 Excel 2013 中，剪切到剪贴板的数据可以多次粘贴。(　　)

9. 在单元格中输入公式表达式时，首先应输入"="。(　　)

10. 单击选定单元格后输入新内容，则原内容将被覆盖。(　　)

11. 图表只能和数据放在同一个工作表中。(　　)

12. Excel 2013 的分类汇总只具有求和计算功能。(　　)

13. 所谓筛选，就是将满足条件的记录隐藏起来，将不满足条件的记录显示出来。(　　)

14. 选择两个不相邻的单元格区域的一种方法是：先选择一个区域，按住 Shift 键，再选择另一个区域。(　　)

15. Excel 2013 工作表中单元格的灰色网格打印时不会被打印出来。(　　)

16. SUM 函数是用来对单元格或单元格区域所有数值求平均的运算。(　　)

17. 在选定单元格区域的右下角有一个小黑点，称为填充柄。(　　)

18. 在输入文本数据时，若数据全由数字组成，则应在数字前加一个西文单引号。(　　)

19. 分类汇总是将经过排序后具有一定规律的数据进行汇总，生成各类汇总报表。(　　)

20. 工作表中的数据可以以图表形式表现出来，但它的图表类型是不能改变的。(　　)

21. Excel 2013 中填充柄的主要作用是设置工作簿的背景。(　　)

22. 在 Excel 2013 中，用户可以根据一列或数列中的数值对数据清单进行排序。(　　)

23. Excel 2013 中的删除操作只能将单元格的内容删除，而单元格本身仍然存在。(　　)

24. 设置单元格的数据格式将更改其显示格式及数据本身。(　　)

25. 数据透视表用于对数据进行快速分类汇总，生成交互式表格，以便从不同的层次和角度对数据进行分析。(　　)

26. 每个单元格都有一个地址，由其所在的行号和列号组成。(　　)

四、操作题

1. 建立本专业的往届毕业生就业情况调查报表，其操作要求如下。

（1）包含编号、毕业班级、姓名、性别、年龄、工作单位、职务、手机号、月平均工资等信息。

（2）报表表格要加边框（线型自拟）。

（3）报表表格要适当地添加底纹（方式、颜色自拟）。

（4）设置顶端打印标题。

（5）设置页眉与页脚（内容自拟）。

（6）页面水平居中，页边距自拟。

（7）报表标题用艺术字（样式自拟）。

（8）字体、字号自选。

2. 统计应届毕业生的综合成绩榜单，确定就业推荐名次。

（1）根据学校具体情况，制作两个学年共 4 个学期的成绩表（学习成绩、操行成绩、综合评定成绩）。

（2）对 4 个学期的成绩表进行合并汇总，计算总成绩和名次。

（3）针对不同班级进行数据统计分析（汇总结果、图表）。

PART 5 模块 5 PowerPoint 2013 的应用

实验指导 1　熟悉 PowerPoint 的基础应用

（1）掌握 PowerPoint 2013 的启动和退出操作方法。

（2）熟悉 PowerPoint 2013 窗口界面组成。

（3）掌握创建演示文稿的方法。

实验内容

（1）掌握启动和退出 PowerPoint 2013 的方法。

（2）熟悉 PowerPoint 2013 窗口界面组成，包括快速访问工具栏、标题栏、“文件”选项卡、功能选项卡、功能区、“幻灯片/大纲”窗格、幻灯片编辑区、备注窗格和状态栏等。

（3）熟练掌握创建演示文稿的各种方法。

1. PowerPoint 2013 的启动和退出

（1）启动 PowerPoint 2013 的常用方法有下面两种。

① 单击“开始”→“所有程序”→“Microsoft Office PowerPoint 2013”→“PowerPoint 2013”选项，即可运行 PowerPoint 主程序，打开程序窗口；同时打开包含默认版式“标题幻灯片”且仅有一张幻灯片的空白演示文稿，默认文件名为“演示文稿 1.pptx”，如图 5-1 所示。

② 双击已有的演示文稿，打开 PowerPoint 主程序，并调用该演示文稿。

（2）退出 PowerPoint 2013。

① 直接单击标题栏右侧的“关闭”按钮 × 。

② 切换到“文件”选项卡，单击“关闭”选项。

若所编辑的演示文稿在退出 PowerPoint 之前没有保存，系统会自动提示用户是否保存，此时用户根据需要，选择“是”或“否”，即可退出 PowerPoint 主程序。另外，可以通过直接运行 POWERPNT.EXE，打开 PowerPoint 2013 应用程序窗口，并创建空白演示文稿。

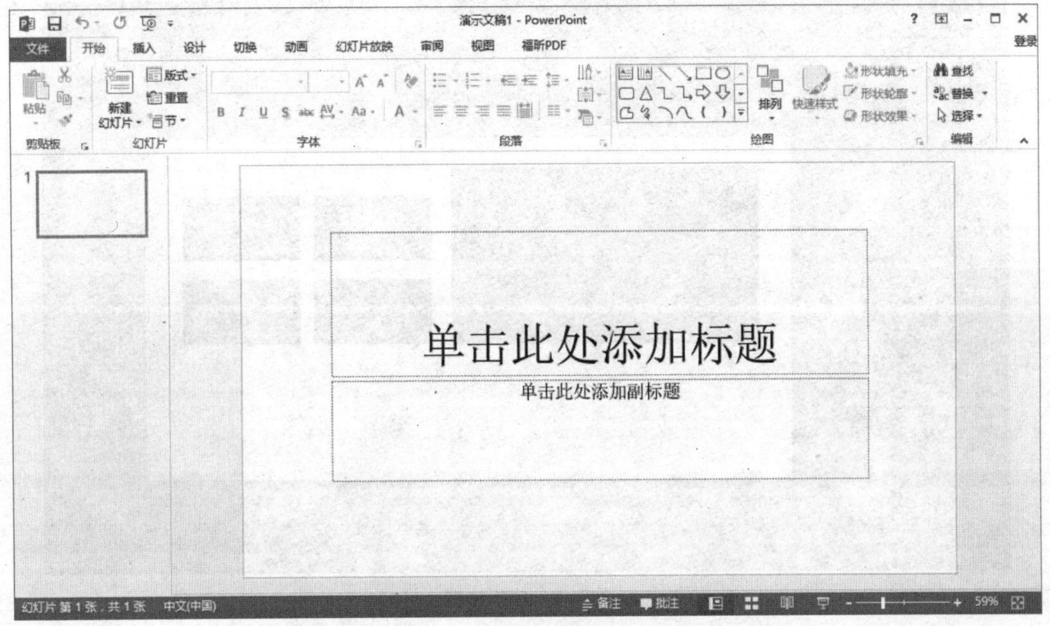

图 5-1　PowerPoint 2013 应用程序窗口及空白演示文稿

2. 通过“文件”选项卡创建演示文稿

1）创建空白演示文稿

启动 PowerPoint 2013 后，在图 5-1 中切换到“文件”选项卡，单击“新建”选项，打开图 5-2 所示的“新建”页面，单击“空白演示文稿”选项即可。

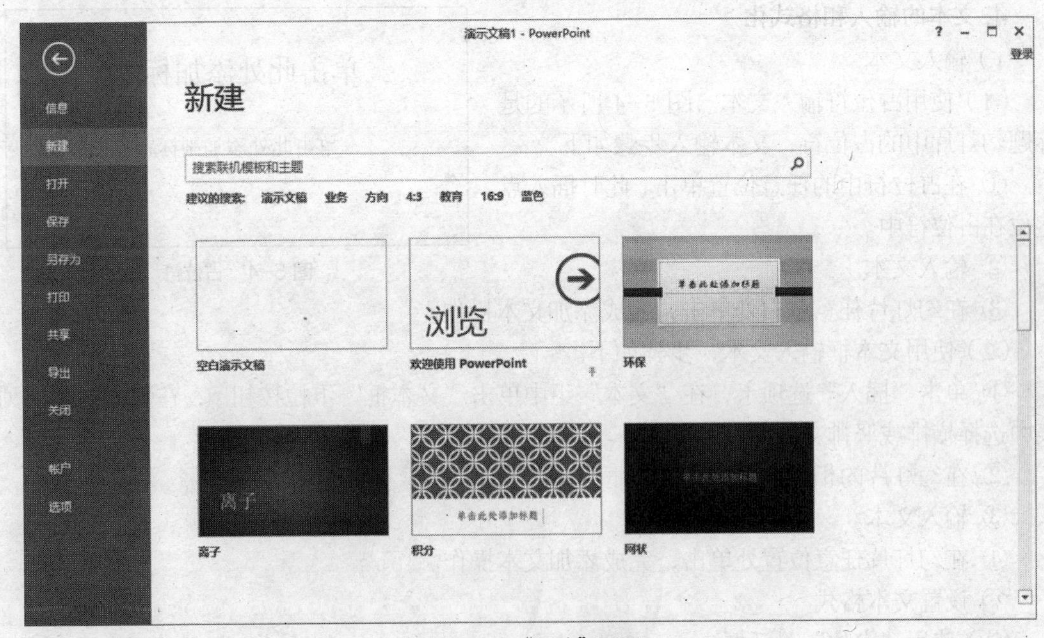

图 5-2　“新建”页面

2）根据设计模板创建演示文稿

方法一：使用内置模板。打开图 5-2 所示的“新建”页面，在列出的模板中单击相应的选项，此时弹出相应的详细对话框，如图 5-3 所示，单击“创建”按钮即可。

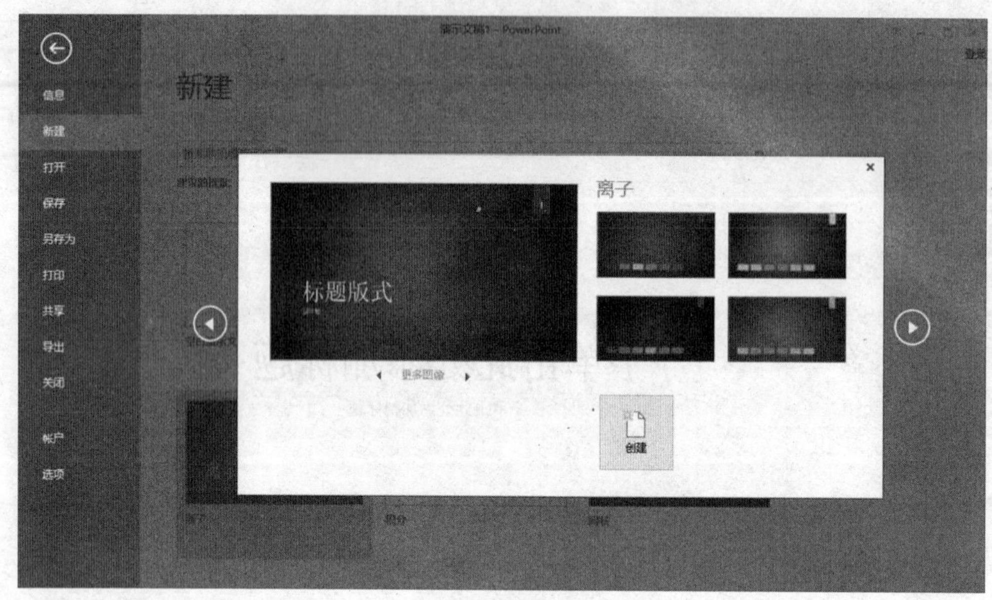

图 5-3　模板样式

方法二：使用在线模板。打开图 5-2 所示的“新建”页面，在搜索框中输入相应的关键字，然后在搜索结果中单击相应的模板，再单击“创建”按钮，即可在线下载该模板。

3. 保存演示文稿

切换到“文件”选项卡，选择“保存”或“另存为”选项，在弹出的“另存为”对话框中，设置保存路径、文件类型，输入文件名后，单击“确定”按钮即可。

4. 文本的输入和格式化

1）输入文本

（1）使用占位符输入文本。图 5-4 所示的是标题幻灯片中的占位符，文本输入步骤如下。

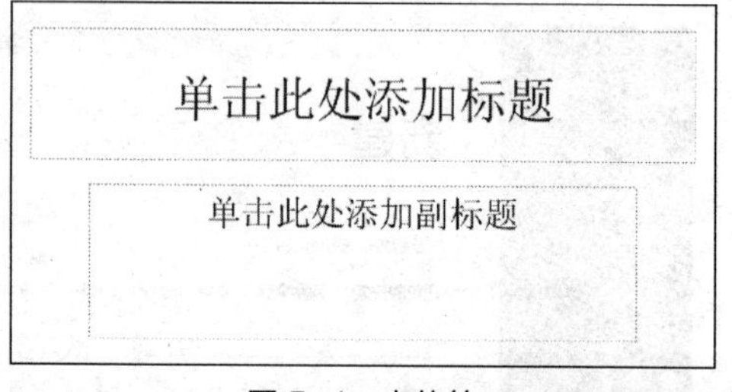

图 5-4　占位符

① 在占位符中的任意位置单击，此时插入点定位在占位符中。

② 输入文本。

③ 在幻灯片任意空白处单击，完成添加文本操作。

（2）使用文本框输入文本，步骤如下。

① 单击“插入”选项卡，在“文本”组中单击“文本框”下拉按钮，在弹出的下拉列表中选择横排或竖排文本框。

② 在幻灯片的相应位置拖出文本框区域。

③ 输入文本。

④ 在幻灯片任意位置处单击，完成添加文本操作。

2）设置文本格式

（1）使用“字体”对话框。

① 选定需要设置格式的文字。

② 单击“开始”选项卡，在“字体”组中单击右下角的组按钮，弹出图 5-5 所示的“字体”对话框。

③ 设置字体、字形、字号、效果和颜色等。

④ 设置完成后单击“确定”按钮即可。

（2）使用“字体”组中的按钮，如图 5-6 所示。

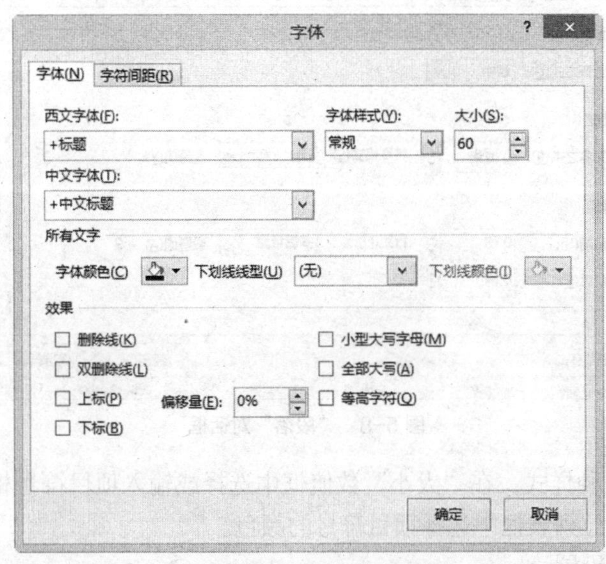

图 5-5 “字体”对话框

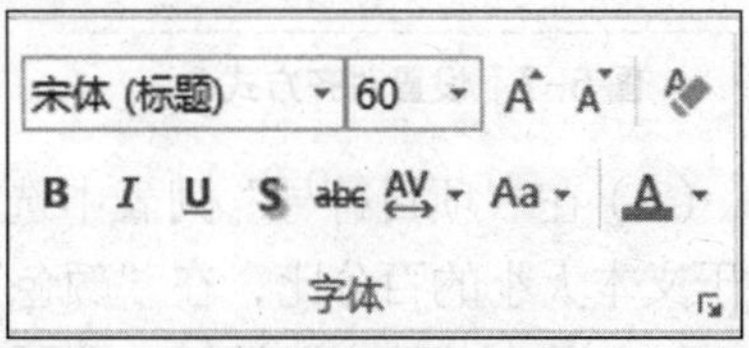

宋体 (标题)
60
B I U S abc AV Aa A
字体

图 5-6 字体工具栏

① 选定需要设置格式的文字。

② 单击“字体”组中的按钮，使其呈按下状态即可。

③ 如果要取消已经设置的格式，再次单击该按钮，使之呈弹起状态即可。

3）设置文本段落格式

（1）设置段落对齐方式。

① 将光标定位到段落的任意位置。

② 单击“开始”选项卡，在“段落”组中单击“对齐文本”下拉按钮。

③ 在弹出的下拉列表中选择需要的对齐方式，如图 5-7 所示。

（2）设置行距和段间距。

① 选中要设置段落间距和行距的文本。

② 单击“开始”选项卡，在“段落”组中单击右下角的组按钮，弹出图 5-8 所示的“段落”对话框。

③ 在“行距”下拉列表框中选择行距。

④ 在“段前”和“段后”数值框中输入或选择相应的数值。

⑤ 单击“确定”按钮，完成设置。

5. 插入项目符号和编号

1）插入项目符号

在默认情况下，通过文本占位符输入的文本会自动添加项目符号，用户可以根据需要在“项目符号和编号”对话框中更改其效果，也可以给原本没有项目符号的项目添加项目符号，操作步骤如下。

（1）选中需要设置项目符号的文本。

（2）单击“段落”组中“项目符号”按钮右侧的下拉箭头按钮，在弹出的下拉列表中选择“项目符号和编号”选项，弹出“项目符号和编号”对话框，如图 5-9 所示。

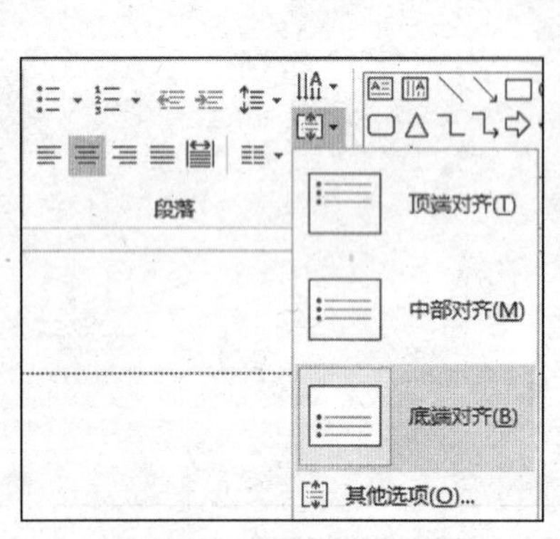

图 5-7　设置对齐方式

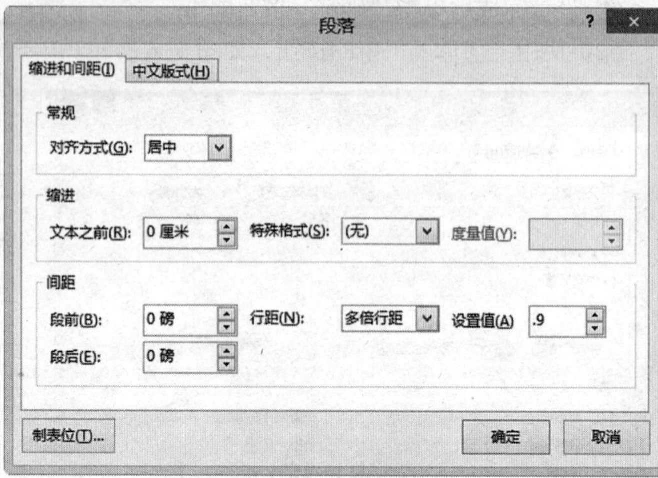

图 5-8　“段落”对话框

（3）在“项目符号”列表中选择一种样式，在“大小”数值框中选择或输入项目符号相对于文本大小的百分比，在“颜色”下拉列表框中选择项目符号的颜色。

（4）单击“确定”按钮，即可完成设置。

在“项目符号和编号”对话框中单击“图片”或者“自定义”按钮，则可以使用计算机中的图片文件或者自定义符号作为项目符号。

2）插入编号

（1）选中要设置编号的段落。

（2）按照前面的方法打开“项目符号和编号”对话框。

（3）切换到“编号”选项卡，如图 5-10 所示，在系统提供的编号列表中选择一种样式，在“大小”数值框中选择或输入编号相对于文本大小的百分比，在“颜色”下拉列表框中为编号选择一种颜色，在“起始编号”数值框中设置编号的起始值。

（4）单击“确定”按钮，完成设置。

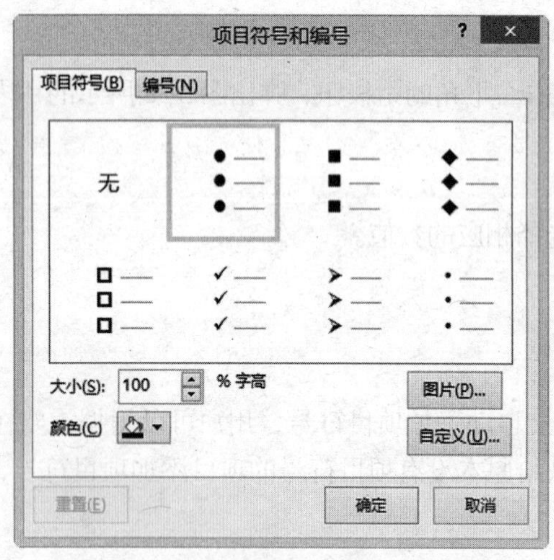

图 5-9　“项日符号和编号”对话框

图 5-10　插入编号

实验指导 2　编辑幻灯片

实验目的

（1）掌握 PowerPoint 2013 演示文稿的建立与保存操作。

（2）掌握 PowerPoint 2013 演示文稿的编辑操作。

（3）掌握 PowerPoint 2013 演示文稿的格式排版操作。

（4）掌握 PowerPoint 2013 演示文稿的超链接操作。

实验内容

建立一个个人述职报告的演示文稿，效果如图 5-11 至图 5-18 所示。

图 5-11　第一张幻灯片

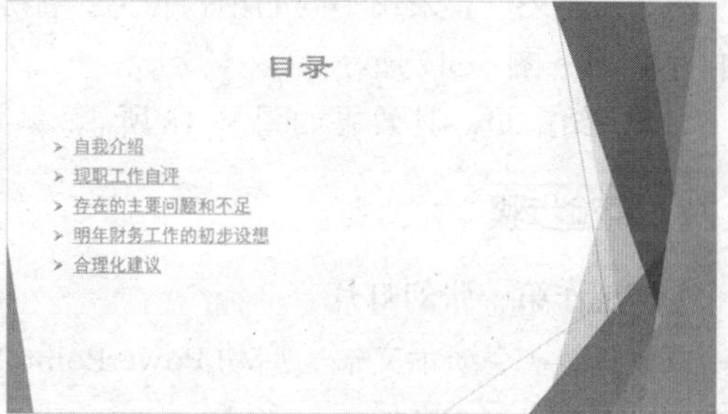

图 5-12　第二张幻灯片

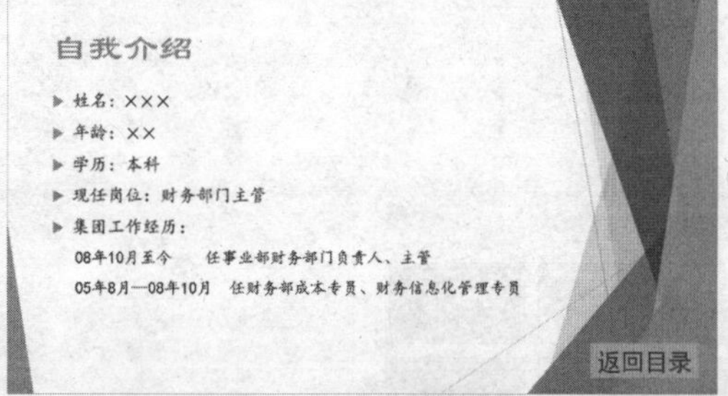

图 5-13　第三张幻灯片

图 5-14　第四张幻灯片

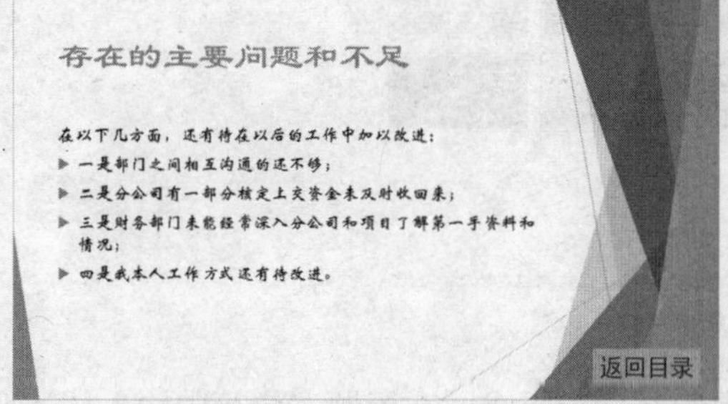

图 5-15　第五张幻灯片

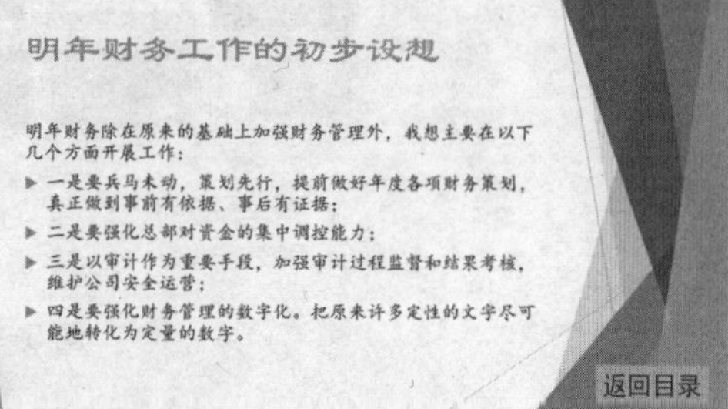

图 5-16　第六张幻灯片

具体要求如下。

（1）首页。标题为“述职报告”，给出报告人的名字，选择合适的幻灯片模板，如图 5-11 所示。

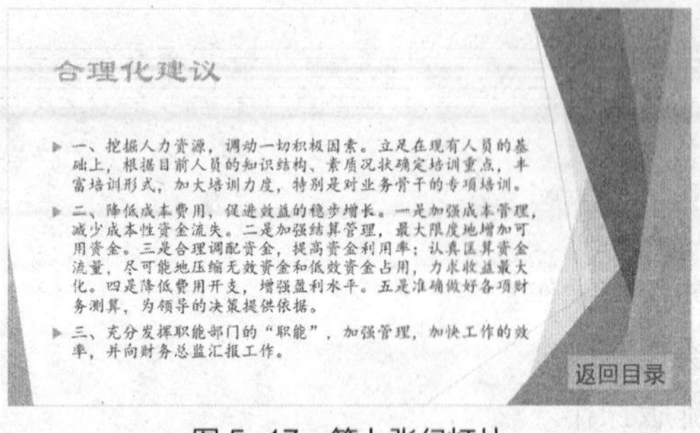

图 5-17　第七张幻灯片

图 5-18　第八张幻灯片

（2）目录页。列目录，内容包括：自我介绍；现职工作自评；存在的主要问题和不足；明年财务工作的初步设想；合理化建议。设置项目符号，插入自选图形，将自选图形放在文字下方，为每行文字建立超链接，如图 5-12 所示。

（3）正文页。采用不同的项目符号，添加文本框“返回目录”，为该文本框建立超链接，如图 5-13～图 5-17 所示。

（4）结束页。其效果如图 5-18 所示。

1. 制作第一张幻灯片

（1）建立空演示文稿。启动 PowerPoint 2013 窗口，然后单击“空白演示文稿”选项，建立一个新的空演示文稿。

（2）选择设计模板。在“设计”选项卡的“主题”组中单击“其他”按钮，在弹出的下拉列表中选择“平面”模板，如图 5-19 所示。

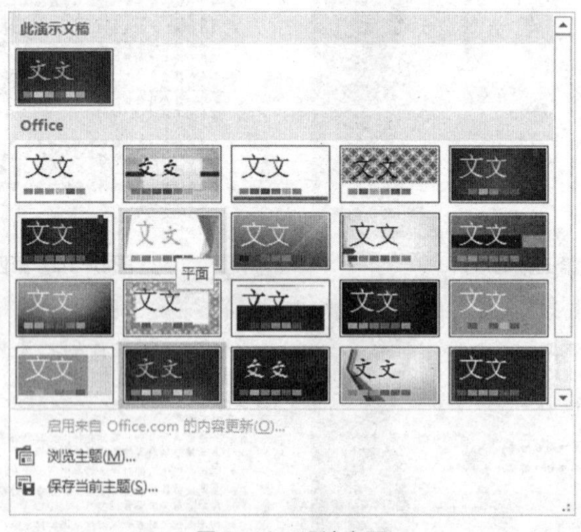

图 5-19　设计主题

（3）输入文本。该张幻灯片自动选择“标题幻灯片”版式，在标题占位符中输入“述职报告”，在副标题占位符中输入“——报告人：×××”。

（4）设置文本格式。调整标题文本的字体为方正姚体，字号为 80，颜色为“绿色，着色 1”，右对齐，选中副标题文本并设置为华文新魏，28 号字，颜色为“黑色，文字 1，淡色 50%”，右对齐。同时可以调整占位符的边框位置，使幻灯片看起来更美观。

2. 制作第二张幻灯片

（1）插入一张新幻灯片。将光标定位在第一张幻灯片上，在“开始”选项卡的“幻灯片”组中单击“新建幻灯片”按钮，添加一张新幻灯片。

（2）设置幻灯片版式。插入的新幻灯片自动选择“标题与文本”版式。

（3）输入内容。在标题占位符中输入此张幻灯片的标题“目录”，并设置为“隶书，48号，居中对齐”，设置文本内容为“黑体，24 号，左对齐”。

（4）改变项目符号与编号。选中目录内容的 5 行文字，在“开始”选项卡的“段落”组中单击“项目符号”下拉按钮，在弹出的下拉列表中选择“箭头项目符号”选项，如图 5-20 所示。

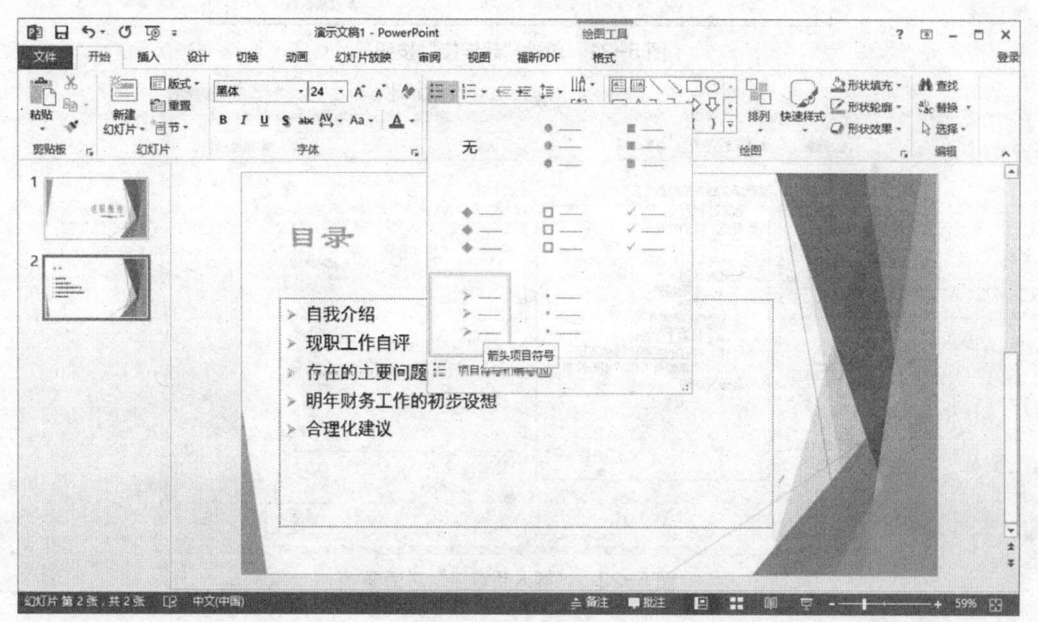

图 5-20　设置项目符号

3. 制作第三张幻灯片

（1）插入一张新幻灯片。将光标定位在第二张幻灯片上，按照前面的操作添加一张新幻灯片。

（2）设置幻灯片版式。插入的新幻灯片自动选择“标题与文本”版式。

（3）输入内容。在标题占位符中输入此张幻灯片的标题“自我介绍”，并设置为“隶书，48 号，左对齐”，设置文本内容为“楷体，24 号，左对齐，单倍行距”。

（4）改变项目符号与编号。按照图 5-13 所示设置所需的项目符号。

（5）降级文本。选中“集团工作经历”下面的两行内容，在“开始”选项卡的“段落”组中单击“提高列表级别”按钮，降级文本。

同理，制作第四张至第八张幻灯片。

4. 设置超链接

（1）将光标定位在第二张幻灯片，选中文本“自我介绍”，在“插入”选项卡的“链接”组中单击“超链接”按钮，如图 5-21 所示，打开“插入超链接”对话框。

（2）单击对话框左侧的“本文档中的位置”按钮，在右侧列表框中出现该演示文稿中所有的幻灯片标题，如图 5-22 所示。选中第三张幻灯片——自我介绍，单击“确定”按钮完成超链接设置。

图 5-21 单击“超链接”按钮

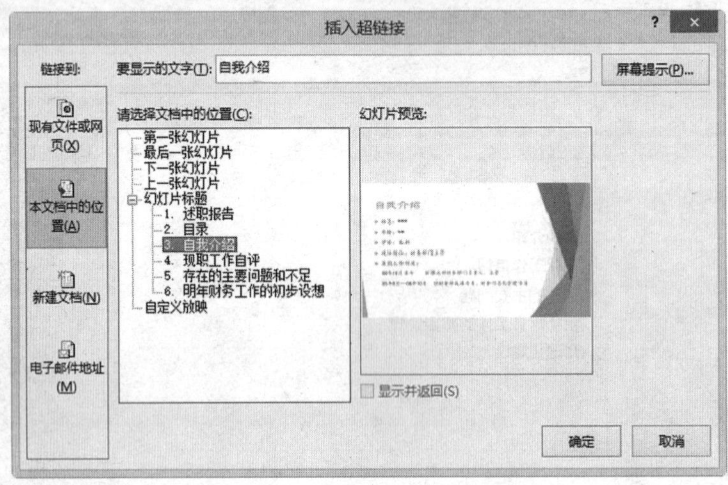

图 5-22 “插入超链接”对话框

同理，可为第二张幻灯片的其他 4 行文本分别设置超链接到第四张至第七张幻灯片，为第三张至第七张幻灯片下面的“返回目录”文本框设置超链接到第二张幻灯片。

5. 设置幻灯片切换

切换到“切换”选项卡，在“计时”组的“换片方式”选项组中选中“单击鼠标时”复选框。

6. 放映幻灯片

在“幻灯片放映”选项卡的“开始放映幻灯片”组中单击“从头开始”按钮，幻灯片从第一张开始放映，一张放映结束时单击切换到下一张幻灯片。这种放映方式可以由演讲者自己控制幻灯片的切换时间。

7. 保存演示文稿

单击“文件”按钮，在弹出的下拉列表中选择“保存”选项，在打开的“另存为”对话框中输入文件名并选择保存位置，保存演示文稿。

实验指导 3 掌握 PowerPoint 的多功能使用方法

（1）掌握演示文稿自定义幻灯片放映与设置幻灯片放映的方法。

（2）掌握母版的使用方法。

（3）掌握演示文稿中文本和图片的自定义动画操作。

（4）掌握在演示文稿中插入声音文件并对其进行设置的方法。

实验内容

制作介绍三峡风光的演示文稿，效果如图 5-23 至图 5-27 所示。

图 5-23　标题幻灯片

图 5-24　第二张幻灯片

图 5-25　第三张幻灯片

图 5-26　第四张幻灯片

图 5-27　第五张幻灯片

具体要求如下。

（1）首页。标题为“三峡——我的家乡”，给出制作人的姓名，设置背景文件为“长江三峡.jpg”图片，如图 5-23 所示。

（2）母版的使用。设置背景图片透明度，设置标题的字体、字号、颜色和对齐方式，设置右侧文本栏的字体、字号、颜色和段落格式，如图 5-24 至图 5-26 所示。

（3）为标题文字和图片设置动画效果。

（4）插入艺术字，设置艺术字的动画效果，如图 5-27 所示。

（5）插入声音文件，设置声音开始播放的时间。

1. 制作第一张幻灯片

（1）收集素材。制作之前，利用互联网资源收集制作过程中用到的图片和声音文件。

（2）新建演示文稿。打开 PowerPoint 2013，创建一个新的空白演示文稿，该张幻灯片自动选择“标题幻灯片”版式。

（3）设置背景。

① 在“设计”选项卡的“自定义”组中单击“设置背景格式”按钮，打开“设置背景格式”窗格，展开“填充”选项，选中“图片或纹理填充”单选按钮，如图 5-28 所示。

② 单击“文件”按钮，打开“插入图片”对话框，如图 5-29 所示。

③ 在地址栏中选择合适的路径，找到相应的图片后，单击“插入”按钮，此时，背景图片就应用到了演示文稿的所有幻灯片中。

（4）输入文字。在标题占位符中输入“三峡——我的家乡”，在副标题占位符中输入“制作人：×××”。设置标题和副标题的字体、字号、颜色和对齐方式并调整标题和副标题在幻灯片中的位置。

（5）设置文字动画效果。

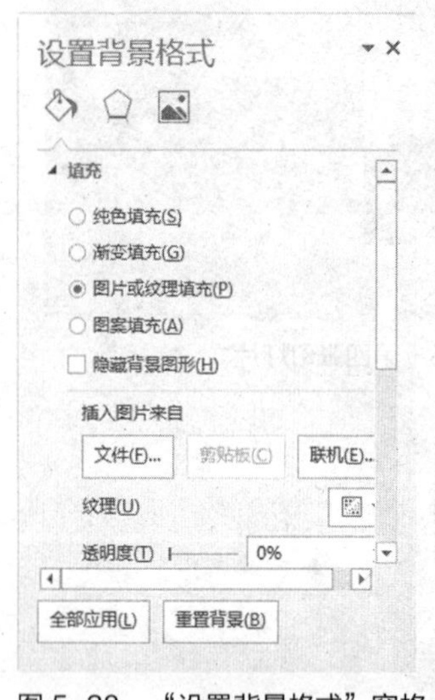

图 5-28 “设置背景格式”窗格

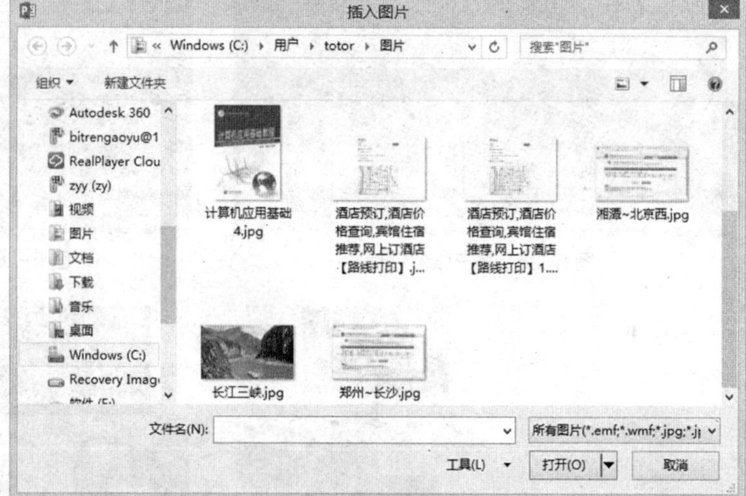

图 5-29 “插入图片”对话框

① 选中标题文字“三峡——我的家乡”，在“动画”选项卡的“动画”组中单击“其他”按钮，在弹出的下拉列表中选择“进入”中的“飞入”效果，如图 5-30 所示。

② 在“动画”选项卡的“动画”组中单击组按钮，打开“飞入”对话框，默认打开“效果”选项卡。在“设置”选项组的“方向”下拉列表框中选择“自左侧”选项。切换到“计时”选项卡，在“开始”下拉列表框中选择“与上一动画同时”选项，在“期间”下拉列表框中选择“快速（1 秒）”选项，如图 5-31 所示。

③ 再副标题“制作人：×××”设置动画效果，即“飞入”“上一动画之后”“自底部”“非常快（0.5 秒）”。

（6）添加背景音乐。

① 在“插入”选项卡的“媒体”组中单击“音频”下拉按钮，在其下拉列表中选择“PC

上的音频”选项，打开“插入音频”对话框，在地址栏中选择合适的路径，找到“三峡我的家乡.mp3”文件，如图 5-32 所示。

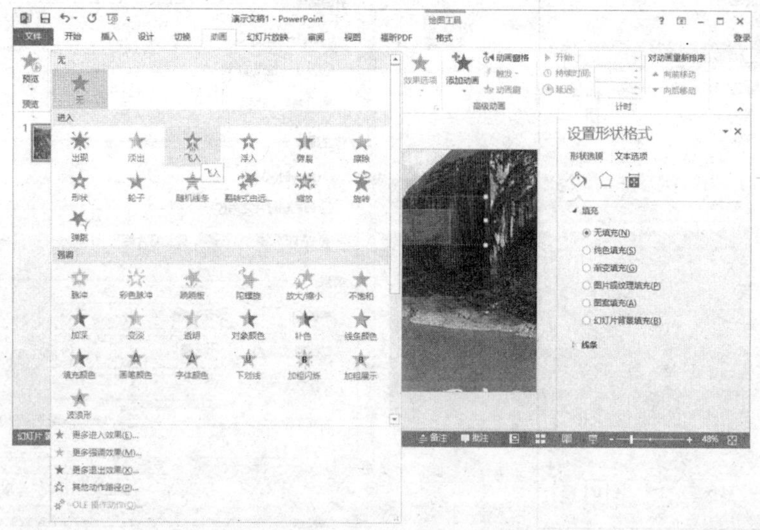

图 5-30　选择“飞入”效果

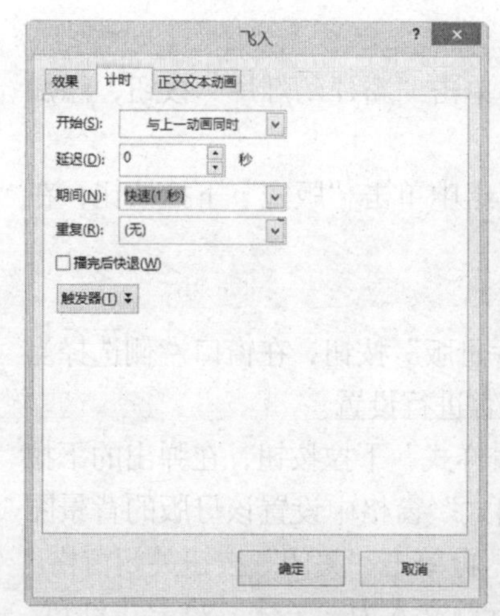

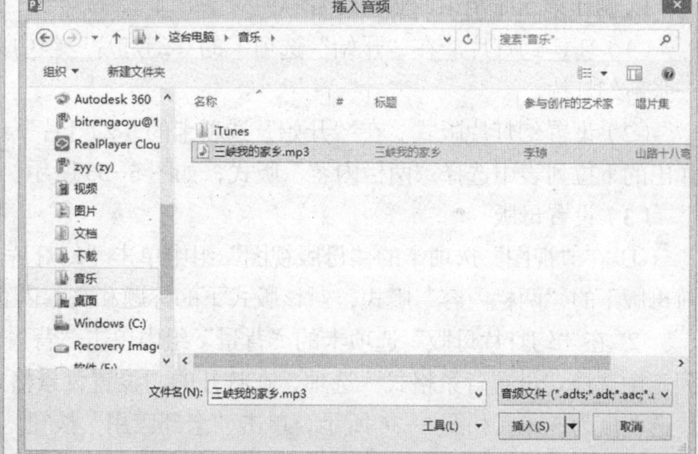

图 5-31　设置动画效果　　　　　　图 5-32　“插入音频”对话框

② 单击“插入”按钮，将所选音频文件插入演示文稿中。

③ 在幻灯片中间出现一个喇叭状的声音文件图标，将它拖动到幻灯片以外，这样放映幻灯片时就不会看到此图标了。

④ 在“动画”选项卡的“高级动画”组中单击“动画窗格”按钮，打开“动画窗格”窗格，添加声音文件后，在此窗格中出现“三峡我的家乡.mp3”选项，选中该选项，单击“重新排列”左侧的向上箭头，将该文件调整到最上面。这样，声音文件就会在幻灯片开始放映时自动播放，如图 5-33 所示。

⑤ 双击该选项，打开“播放音频”对话框，切换到“效果”选项卡。在“开始播放”选项组中选中“开始时间”单选按钮，设置开始时间为“00:22”秒，在“停止播放”选项组中选中“在 5 张幻灯片后”单选按钮，如图 5-34 所示。

至此，第一张幻灯片制作完成。

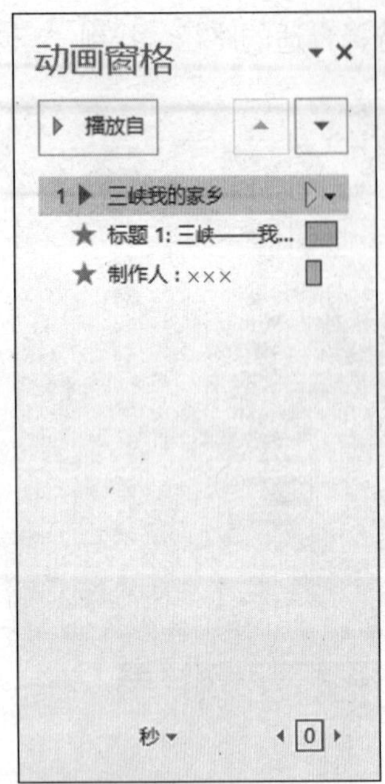

图 5-33　自定义动画排序

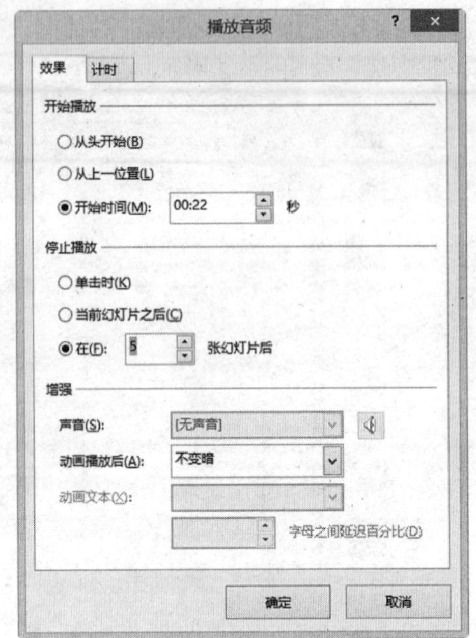

图 5-34　设置声音开始和停止的时间

2. 制作第二张至第四张幻灯片

（1）新建幻灯片。在“开始”选项卡的“幻灯片”组中单击“新建幻灯片”按钮，添加一张新幻灯片。

（2）设置幻灯片版式。在“开始”选项卡的“幻灯片”组中单击“版式”下拉按钮，在弹出的下拉列表中选择“两栏内容”版式，如图 5-35 所示。

（3）设置母版。

① 在“视图”选项卡的“母版视图”组中单击“幻灯片母版”按钮，在窗口左侧选择当前母版下的“两栏内容”版式，对该版式下的标题和文本内容进行设置。

② 在“幻灯片母版”选项卡的“背景”组中单击“背景样式”下拉按钮，在弹出的下拉列表中选择“设置背景格式”选项，在打开的“设置背景格式”窗格中设置该母版的背景图片透明度为 50%，如图 5-36 所示，单击“全部应用”按钮，再单击“关闭”按钮关闭窗格。

③ 选择“单击此处编辑母版标题样式”占位符，设置标题文本为“宋体，72 号，红色，居中”；选择右侧“单击此处编辑母版文本样式”占位符，设置右侧文本为“楷体，20 号，橙色，左对齐，首行缩进 1.27 厘米，段前、段后均为 0，单倍行距”。

④ 在“幻灯片母版”选项卡的“关闭”组中单击“关闭母版视图”按钮，回到幻灯片编辑状态。

（4）在第二张幻灯片的标题占位符中输入文字“瞿塘峡”，在右侧文本栏中输入介绍文字，自动按母版设计好的字体、字号、颜色和段落格式排版。

（5）插入图片。

① 插入图片。在“插入”选项卡的“图像”组中单击“图片”按钮，打开“插入图片”对话框，选择“瞿塘峡图片.jpg”图片，如图 5-37 所示，单击“插入”按钮。

② 设置图片大小。选中图片，通过拖动图片周围的调控点调整图片的大小。或者右击图片，在弹出的快捷菜单中选择“大小和位置”命令，打开“设置图片格式”窗格，设置图片的“缩放高度”和“缩放宽度”均为 160%，如图 5-38 所示。

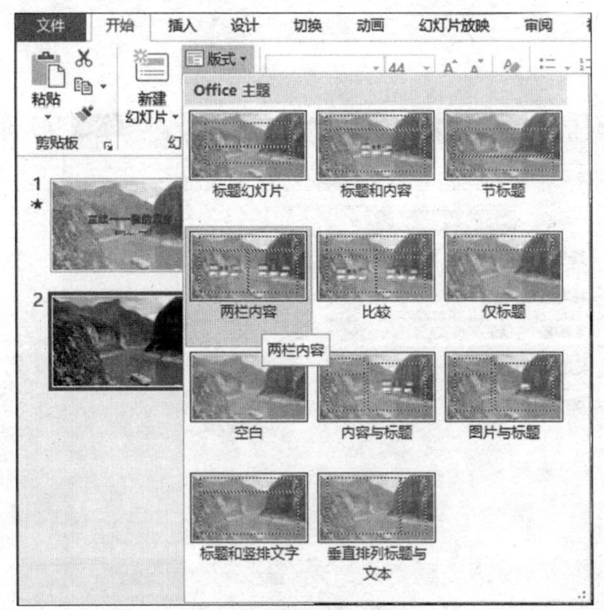

图 5-35　设置幻灯片版式

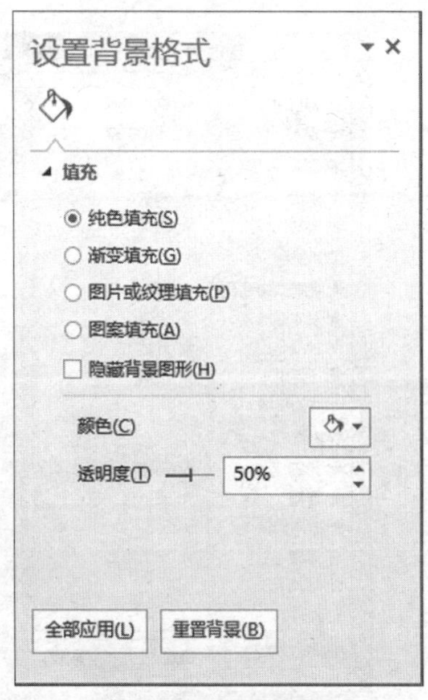

图 5-36　设置背景透明度

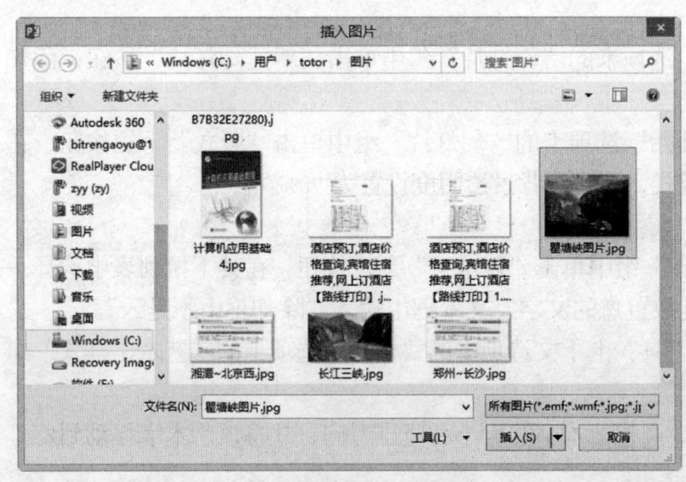

图 5-37　插入图片

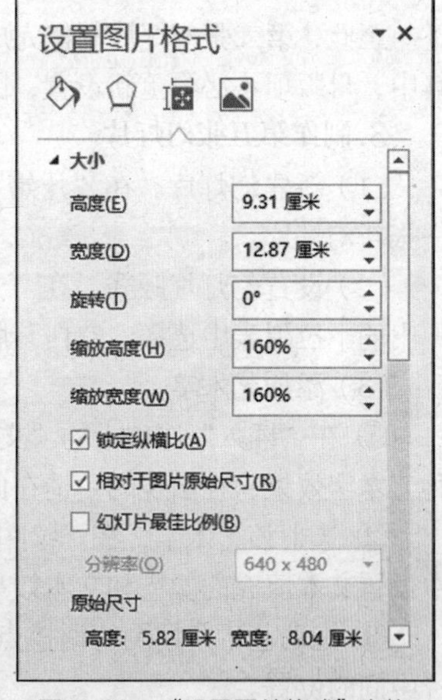

图 5-38　“设置图片格式”窗格

③ 设置图片的位置。选中图片，通过拖动将图片放置到适当的位置。

（6）设置图片动画效果。

① 在“动画”选项卡的“动画”组中单击“其他”按钮，在弹出的下拉列表中选择“更多进入效果”选项，打开“更改进入效果”对话框。

② 在该对话框中选择“华丽型”选项组中的“飞旋”效果，如图 5-39 所示，单击“确定”按钮。

③ 调出“动画窗格”并在“动画窗格”中双击该选项，打开“飞旋”对话框，切换到“计时”选项卡，在“开始”下拉列表框中选择“与上一动画同时”选项，在“期间”下拉列表框中选择“快速（1 秒）”选项，如图 5-40 所示。

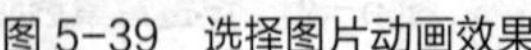

图 5-39　选择图片动画效果

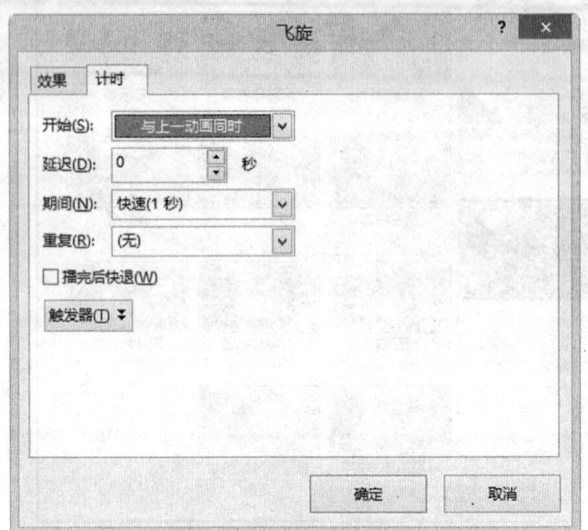

图 5-40　设置动画的开始时间和速度

至此，第二张幻灯片制作完成。依照第二张幻灯片的做法，制作第三张和第四张幻灯片。其中，母版项不必再重新设置，图片可以设置不同的动画效果。

3. 制作第五张幻灯片

（1）新建幻灯片。在“开始”选项卡的“幻灯片”组中单击“新建幻灯片”按钮，添加一张新幻灯片。

（2）设置幻灯片版式。在“开始”选项卡的“幻灯片”组中单击“版式”下拉按钮，在弹出的下拉列表中选择“空白”版式，同时将背景透明度设置为 90%。

（3）添加艺术字。

① 在“插入”选项卡的“文本”组中单击“艺术字”下拉按钮，在其下拉列表中选择一种艺术字效果，在出现的“请在此放置您的文字”文本框中输入“除却巫山不是云”。

② 选中该艺术字，在“绘图工具”上下文选项卡的“格式”选项卡的“艺术字样式”组中设置文本填充的颜色和文本效果等。

③ 拖动艺术字周围的调控点，调整艺术字的大小和竖排方向，并将该艺术字移动到幻灯片中间的位置。

④ 添加艺术字动画效果。选中艺术字“除却巫山不是云”，在“动画”选项卡的“高级动画”组中单击“添加动画”下拉按钮，在其下拉列表中选择“更多进入效果”选项，打开“添加进入效果”对话框，选择“基本型”中的“盒状”效果，然后在“动画窗格”中双击该选项，在打开的“盒状”对话框中切换到“计时”选项卡，在“期间”下拉列表框中选择“快速（1 秒）”选项。

⑤ 插入艺术字“轻舟已过万重山”并选中，在“动画”选项卡的“高级动画”组中单击“添加动画”下拉按钮，在其下拉列表中选择“更多强调效果”选项，在打开的对话框中选择“基本型”中的“放大 / 缩小”效果，单击“确定”按钮。然后在“动画窗格”中双击该选项，在打开的“放大 / 缩小”对话框中切换到“计时”选项卡，在“开始”下拉列表框中选择“上一动画之后”选项，在“期间”下拉列表框中选择“快速（1 秒）”选项。

⑥ 继续添加动画效果。单击“添加动画”下拉按钮，在其下拉列表中选择“其他动作路

径”选项，在打开的“添加动作路径”对话框中选择“特殊”选项组中的“十字形扩展”效果，如图 5-41 所示，单击“确定”按钮。然后在“动画窗格”中双击该选项，在打开的“十字形扩展”对话框中切换到“计时”选项卡，在“开始”下拉列表框中选择“上一动画之后”选项，在“期间”下拉列表框中选择“中速（2 秒）”选项。

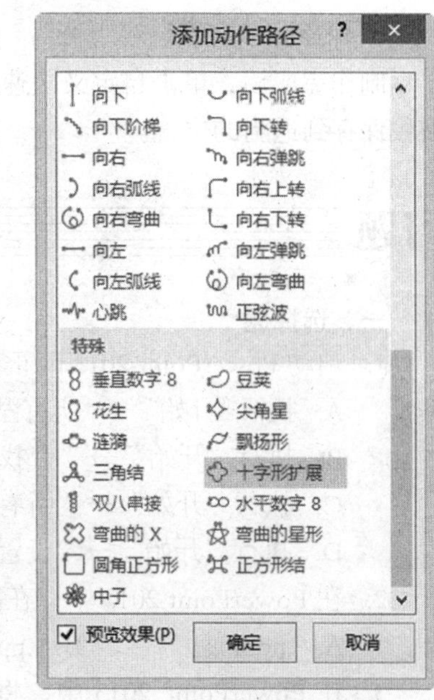

图 5-41　选择图片的动画路径

4. 插入所需图片

按照图 5-27 所示将图片插入幻灯片中，并设置各张图片的动画方式。

5. 设置幻灯片切换方式

5 张幻灯片制作完成后，在“切换”选项卡的“切换到此幻灯片”组中选择“擦除”切换方式；在“计时”组的“换片方式”选项组中取消选中“单击鼠标时”复选框，选中“设置自动换片时间”复选框，设置时间间隔为 8 秒，然后单击“全部应用”按钮，如图 5-42 所示。使用这种换片方式，省去了人工操作，幻灯片开始放映后会自动切换。

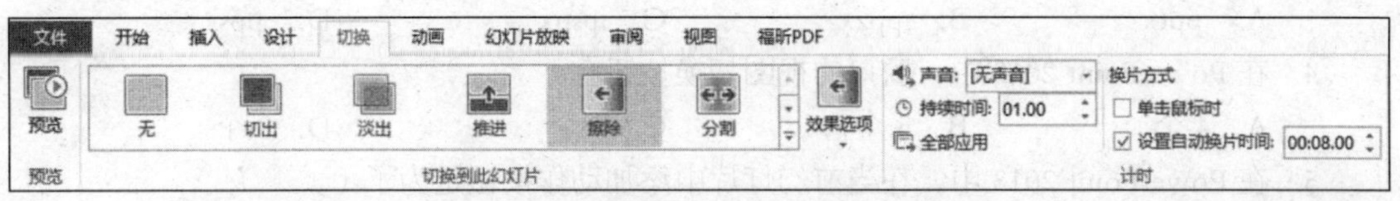

图 5-42　设置幻灯片切换方式和时间

在“幻灯片放映”选项卡的“设置”组中单击“设置幻灯片放映”按钮，打开“设置放映方式”对话框，在“放映选项”选项组中选中“循环放映，按 Esc 键终止”复选框，如图 5-43 所示，这样在放映完最后一张幻灯片后，将自动回到第一张幻灯片循环放映。

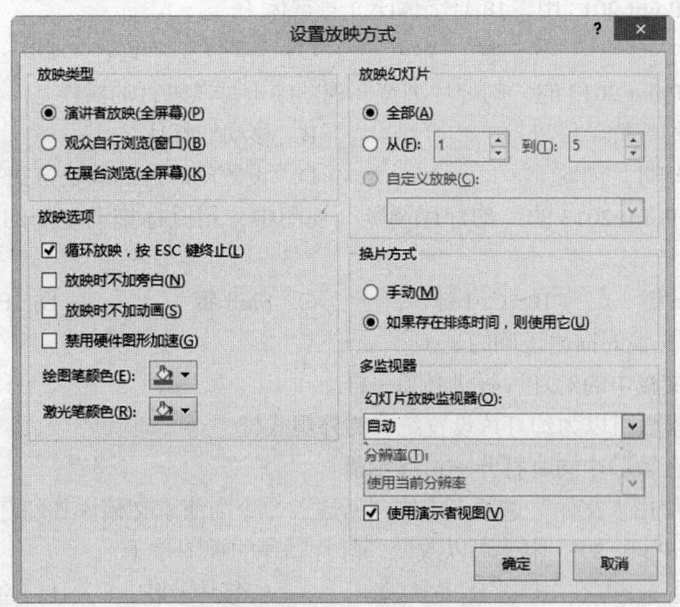

图 5-43　设置幻灯片放映方式

6. 保存演示文稿

制作完成后，单击自定义快速访问工具栏中的“保存”按钮，在打开的对话框中将演示文稿保存到适当的位置。

习题

一、选择题

1. 启动 PowerPoint 2013 的正确操作方法是（　　）。

A. 执行“开始”→“所有程序”→“Microsoft Office”→“Microsoft PowerPoint 2013”命令

B. 执行“开始”→“查找”→“Microsoft Office 2013”→“PowerPoint 2013”命令

C. 执行“开始”→“所有程序”→“Microsoft PowerPoint 2013”命令

D. 执行“开始”→“设置”→“Microsoft PowerPoint 2013”命令

2. 在 PowerPoint 2013 中，在磁盘上保存的演示文稿的文件扩展名是（　　）。

A. .potx　　B. .pptx　　C. .dotx　　D. .ppa

3. 在 PowerPoint 2013 中，将演示文稿打包为可播放的演示文稿后，文件类型扩展名为（　　）。

A. .pptx　　B. .ppzx　　C. .pspx　　D. .ppsx

4. 在 PowerPoint 2013 中，窗口的视图切换按钮有（　　）。

A. 4 个　　B. 5 个　　C. 6 个　　D. 3 个

5. 在 PowerPoint 2013 中，在当前幻灯片中添加动作按钮是为了（　　）。

A. 增加幻灯片文稿中内部幻灯片中转的功能

B. 让幻灯片中出现真正的动画

C. 设置交互式的幻灯片，使得观众可以控制幻灯片的放映

D. 让演示方式中所有幻灯片有一个统一的外观

6. 在 PowerPoint 2013 中，18 号字体比 8 号字体（　　）。

A. 大　　B. 小　　C. 有时大，有时小　　D. 一样

7. 在 PowerPoint 2013 的“幻灯片浏览”视图中不可以进行的操作是（　　）。

A. 删除幻灯片　　B. 移动幻灯片

C. 编辑幻灯片内容　　D. 设置幻灯片的放映方式

8. 在 PowerPoint 2013 的“幻灯片浏览”视图中，用鼠标拖动复制幻灯片时，要同时按住（　　）。

A. Delete 键　　B. Ctrl 键　　C. Shift 键　　D. Esc 键

9. 对于演示文稿的描述正确的是（　　）。

A. 演示文稿中的幻灯片版式必须一样

B. 使用模板可以为幻灯片设置统一的外观式样

C. 只能在窗口中同时打开一份演示稿

D. 可以使用“文件”选项卡中的“新建”命令为演示文稿添加幻灯片

10. 在 PowerPoint 2013 中，可以改变幻灯片顺序的视图是（　　）。

A. 普通　　B. 幻灯片浏览　　C. 幻灯片放映　　D. 备注页

11. 在 PowerPoint 2013 中，可以修改幻灯片内容的视图是（　　）。

A. 普通　　B. 幻灯片浏览　　C. 幻灯片放映　　D. 备注页

12. 在 PowerPoint 2013 中，若要设置幻灯片切换时采用特殊效果，可以使用（　　）。

A.“设计”选项卡中的命令按钮　　B.“视图”选项卡中的命令按钮

C.“动画”选项卡中的命令按钮　　D.“幻灯片放映”选项卡中的命令按钮

13. PowerPoint 2013 不能实现的功能是（　　）。

A. 文字编辑　　B. 绘制图形　　C. 创建图表　　D. 数据分析

14. PowerPoint 2013 是（　　）。

A. 信息管理软件　　B. 通用电子表格软件

C. 演示文稿制作软件　　D. 图形文字出版物制作软件

15. 下列说法正确的是（　　）。

A. 在幻灯片中插入的声音用一个小喇叭图标表示

B. 在 PowerPoint 中可以录制声音

C. 在幻灯片中插入播放 CD 曲目时，显示为一个小唱盘图标

D. 以上 3 种说法都正确

16. 在 PowerPoint 2013 中，如果要对多张幻灯片进行同样的外观修改，那么（　　）。

A. 必须对每张幻灯片进行修改　　B. 只需要在幻灯片母版上做一次修改

C. 只需要更改标题母版的版式　　D. 没法修改，只能重新制作

17. 在 PowerPoint 2013 中，为当前幻灯片的标题文本占位符添加边框线，首先要（　　）。

A. 使用“颜色和线条”命令　　B. 选中标题文本占位符

C. 切换至标题母版　　D. 切换至幻灯片母版

18. 在 PowerPoint 2013 中，下列说法正确的是（　　）。

A. 一个对象一次可以使用多种动画效果

B. 动画序号按钮只是显示动画播放顺序，不能用来更改动画播放顺序

C. 每个对象都可以设置随机动画效果

D. 以上全部错误

19. 在编辑演示文稿时，要在幻灯片中插入表格、剪贴画或照片等图形，应在以下哪种视图中进行？（　　）

A. 备注页视图　　B. 幻灯片浏览视图

C. 幻灯片放映视图　　D. 普通视图

20. 放映幻灯片有多种方法，在默认状态下，以下方法中可以不从第一张幻灯片开始放映的是（　）。

A. 单击“幻灯片放映”选项卡中的“从头开始”按钮

B. 单击状态栏上的“幻灯片放映”按钮

C. 单击“视图”选项卡中的“幻灯片放映”按钮

D. 按快捷键 F5

21 在 PowerPoint 2013 中，打印幻灯片时选择打印内容为讲义，最多可以设置每页的幻灯片数为（　　）。

A. 1　　B. 2　　C. 6　　D. 9

22. 以下（　　）不是合法的打印设置选项。

A. 幻灯片　　B. 备注页　　C. 讲义　　D. 幻灯片浏览

23. 在 PowerPoint 2013 的幻灯片母版中一般都包含的占位符是（　　）。

A. 标题占位符　B. 文本占位符　C. 图标占位符　D. 页脚占位符

24. 在 PowerPoint 2013 幻灯片放映过程中，要回到上一张幻灯片，不可进行的操作是（　　）。

A. 按 P 键　B. 按 PgUp 键　C. 按 Backspace 键　D. 按 Space 键

25. 在 PowerPoint 2013 中不可以在“字体”对话框中进行设置的是（　　）。

A. 文字颜色　B. 文字对齐方式　C. 文字大小　D. 文字字体

二、填空题

1. 在 PowerPoint 2013 中，可以对幻灯片进行移动、删除、复制、设置动画效果，但不能对单独的幻灯片的内容进行编辑的视图是________。

2. 在 PowerPoint 2013 中，创建演示文稿最简单的方法是采用________方法。

3. 在 PowerPoint 2013 中的“幻灯片浏览”视图下，按住 Ctrl 键并拖动某幻灯片，可以完成________操作。

4. 在 PowerPoint 2013 中，在一个演示文稿中________同时使用不同的模板。

5. 在 PowerPoint 2013 中，如果希望在放映过程中退出幻灯片放映，那么随时可以按下的终止键是________。

6. PowerPoint 2013 的“大纲”视图主要用于________。

7. 对于多个打开的演示文稿窗口，“页面设置”命令只对________的演示文稿进行格式设置。

8. PowerPoint 2013 模板与母版的关系是________。

9. 幻灯片放映的快捷键是________。

10. 在 PowerPoint 2013 中，幻灯片放映时切换的速度分别为________、________和________。

11. 在 PowerPoint 2013 中，若要选择演示文稿中指定的幻灯片进行播放，可以单击“幻灯片放映”选项卡中的________按钮。

12. PowerPoint 2013 窗口标题栏的右侧有 3 个按钮，分别是________、________和________按钮。

13. 在 PowerPoint 2013 中，删除演示文稿中的一张幻灯片的方法可以是：单击要删除的幻灯片，再按________键，即可删除该张幻灯片。

14. 在 PowerPoint 2013 中，在________和________视图下可以改变幻灯片的顺序。

15. 在 PowerPoint 2013 中，幻灯片切换默认的方式是________切换到下一张幻灯片。

16. 在 PowerPoint 2013 中，可以为文本、图形等对象设置动画效果，以突出重点或增加演示文稿的趣味性，设置动画效果可以单击________选项卡中的“自定义动画”命令按钮。

17. 在 PowerPoint 2013 中，若要改变文本的字体，应使用________选项卡。

18. 在幻灯片放映时，从一张幻灯片过渡到下一张幻灯片称为________。

三、判断题

1. 在 PowerPoint 2013 中，只有在“普通视图”中才能插入新幻灯片。（　　）

2. 在 PowerPoint 2013 中，文本、图片和表格在幻灯片中都可以作为添加动画的对象。（　　）

3. PowerPoint 2013 提供的母版只有幻灯片母版、标题母版和讲义母版 3 种。（　　）

4. 幻灯片放映的 3 种方式是演讲者放映、观众自行浏览和在展台游览。(　　)

5. 在幻灯片放映的过程中，绘图笔的颜色可以根据自己的喜好进行选择。(　　)

6. PowerPoint 2013 模板可以为幻灯片设置统一的外观样式。(　　)

7. 演示文稿中的幻灯片版式必须一样。(　　)

8. 在 PowerPoint 2013 中，可以控制幻灯片外观的方法有设计模板、母版、配色方案、幻灯片版式。(　　)

9. 关闭所有演示文稿后会自动退出 PowerPoint 2013 窗口。(　　)

10. 在 PowerPoint 2013 中放映幻灯片时，按 Esc 键可以结束幻灯片放映。(　　)

11. 在 PowerPoint 2013 中不能设置对象出现的先后顺序。(　　)

12. 在 PowerPoint 2013 中，横排文本框和竖排文本框可以方便转换。(　　)

13. 在 PowerPoint 2013 "大纲视图" 模式下，不能显示幻灯片中插入的图片对象。(　　)

14. 在 PowerPoint 2013 "大纲视图" 模式下，不可以对幻灯片内容进行编辑。(　　)

15. 在 PowerPoint 2013 的 "幻灯片浏览" 视图方式中，可以通过拖动幻灯片的方法改变幻灯片的排列次序。(　　)

16. 在 PowerPoint 2013 中，后插入的图形只能覆盖先前插入的图形，这种层叠关系是不能改变的。(　　)

17. 幻灯片放映时不显示备注页下添加的备注内容。(　　)

18. PowerPoint 2013 的 "幻灯片浏览" 视图能够方便地实现幻灯片的插入和复制。(　　)

19. 在备注与讲义里可使用的页眉和页脚选项包括日期、时间和幻灯片编号等。(　　)

20. 在 PowerPoint 2013 中，如果要对文稿中多张幻灯片进行同样的外观修改，只需要在幻灯片母版上进行一次修改。(　　)

四、操作题

制作毕业论文答辩的演示文稿，简单介绍论文题目、研究目的和意义、研究方法与过程、功能实现与应用、存在的问题和结论等内容。

具体要求如下。

（1）确定合适的模板，毕业论文演示文稿要求模板清晰、简洁，在素材中有下载的主题，可以应用到演示文稿中，也可以自己选择合适的主题模板。

（2）根据论文展示内容的需要为每张幻灯片选择适当的版式，插入文本框、自选图形，从而更有效地体现论文内容的讲解。

（3）设置字体、字号、文字颜色、段落格式，插入图片和艺术字，使文稿更加美观。

（4）设置恰当的动画效果，从而使演示过程更生动。

（5）为第二张幻灯片（论文框架）下边的文字设置超链接，能链接到内容相对应的幻灯片。

PART 6 模块 6 Internet 基础与应用

实验指导 1 设置 IP 地址并测试网络的连通性

实验目的

（1）掌握 IP 地址的设置方法。

（2）掌握测试网络连通性的方法。

实验内容

（1）根据安排设置可以接入 Internet 的 IP 地址、网关地址与 DNS 服务器地址，并测试网关的连通性。

（2）使用 IE 8.0 并利用百度搜索引擎搜索与自己家乡的旅游景点相关的网页信息（包括景点介绍、交通出行信息和景点图片 3 类），要求搜索出两个或两个以上景点。

（3）将搜索到的网页保存到收藏夹的“我的家乡”文件夹中，并以相应景点的名字对网页进行命名。

（4）下载上述 3 类相关信息的文字与图片，保存到一个 Word 文档中，并制作一条单日或双日的自助旅游路线方案，命名为“游览我的家乡”。

（5）将制作完成的 Word 文档以附件形式发送到班级的公共邮箱中。

实验步骤

1. 设置 IP 地址

打开“控制面板”窗口，单击“网络和共享中心”图标，打开“网络和共享中心”窗口，单击“本地连接”链接，打开“本地连接状态”对话框，单击“属性”按钮，打开“本地连接属性”对话框，如图 6-1 所示。选中“Internet 协议版本 4（TCP/IPv4）”复选框，再单击“属性”按钮，打开“Internet 协议版本 4（TCP/IPv4）属性”对话框。选中“使用下面的 IP 地址”单选按钮后，在“IP 地址”文本框中输入网络管理员分配好的 IP 地址，然后单击“子网掩码”文本框，系统自动填入相应的子网掩码（若自动填入的子网掩码与实际不符，则自行修改）。接着，填入由网络管理员提供的“默认网关”“首选 DNS 服务器”和“备用 DNS 服务器”地址，如图 6-2 所示。最后单击“确定”按钮依次关闭各对话框，即可完成 IP 地址的设置。

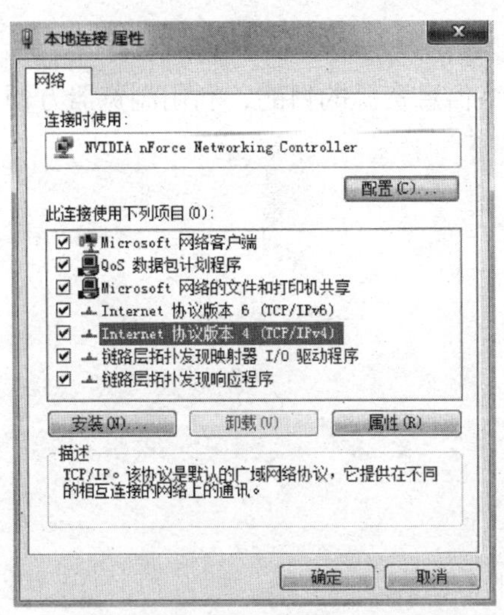

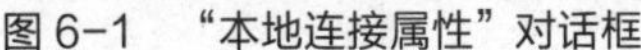
图 6-1 “本地连接属性”对话框

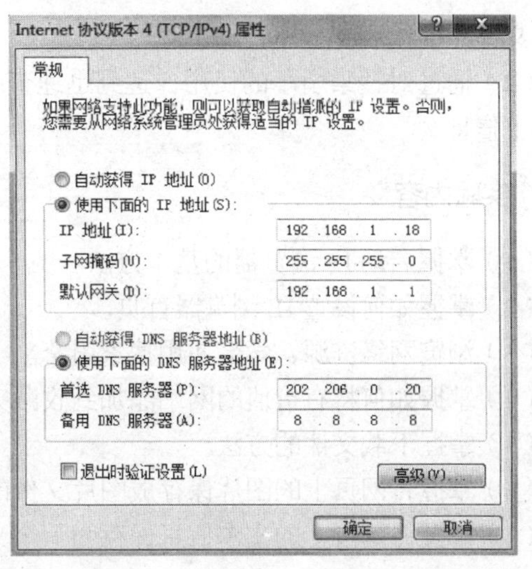

图 6-2 “Internet 协议版本 4（TCP/IPv4）属性”对话框

2. 测试网络连通性

打开“开始”菜单，执行“所有程序”→“附件”→“命令提示符”命令，打开“命令提示符”窗口。测试操作按如下两步进行，操作命令如图 6-3 所示。

（1）输入“ping 主机本身的 IP 地址”，测试本机网络连接是否正常。

（2）输入“ping 网关 IP 地址”，测试主机对外的网络出口是否连通正常。

图 6-3 使用 ping 命令测试网络连通性

实验指导 2 利用 IE 浏览器浏览网上信息

实验目的

（1）通过对 IE 浏览器基本操作的认识，熟练掌握浏览网上信息、管理和保存网上信息、下载文件等操作。

（2）通过对搜索引擎的使用，达到迅速查找网络信息资源的目的，利用浏览器方便地获取网上信息。

实验内容

（1）掌握启动 IE 浏览器的基本方法。

（2）掌握如何设置 IE 浏览器首页。

（3）浏览网络资源，学会使用搜索引擎。

（4）掌握如何将有价值的网站添加到收藏夹。

（5）掌握下载文件的方法。

（6）掌握将网页上的图片保存成图片文件的方法。

（7）掌握将网页上的文本信息保存为一个文件的方法。

实验步骤

1. 启动 IE 浏览器

（1）双击桌面上的 Internet Explorer 图标。

（2）单击“开始”→“所有程序”→“Internet Explorer”选项启动。

（3）单击任务栏快速启动区中的 Internet Explorer 图标。

2. 浏览指定的网页

启动浏览器后，打开的是默认主页，如果要浏览其他网页，可以在浏览器地址框中输入相应的 Web 页的地址并按 Enter 键，例如，输入 http://www.126.com 并按 Enter 键，打开图 6-4 所示的页面。

在输入网址的时候，http 后面紧跟的是一个冒号（：），不要输入分号（；），冒号后面是两个斜线（//），不要多也不要少。另外，网址中不要出现空格，否则输入的就不是一个合法的网址，也就浏览不到信息。

3. 收藏站点

如果感觉某个网站很有价值，需要经常浏览，最好的办法就是将这个站点添加到收藏夹中，具体的方法是：打开相关网页之后单击鼠标右键，单击“添加到收藏夹”选项，即可将该站点添加到收藏夹中，下次浏览该站点时就可以直接从收藏夹里打开该站点链接。

4. 保存当前浏览的页面

有时需要将某些有价值的页面以网页文件的形式保存下来，以备以后浏览使用，操作步骤如下。

（1）执行“文件”→“另存为”命令，打开“保存网页”对话框，为所要保存的文件取名，并选定文件的保存位置。

（2）单击“保存”按钮，完成保存网页文件的任务。

5. 将网页上的图片保存下来

网络上的图片丰富多彩，当用户遇到自己喜欢的图片时，可以将这些图片以图片文件的形式保存下来，以便随时欣赏，操作步骤如下。

图 6-4 126 网易邮箱首页

（1）右击想要保存的图片，弹出快捷菜单，如图 6-5 所示。

（2）选择“图片另存为”命令，然后在弹出的对话框中为所要保存的图片取名，并选定保存位置。

（3）单击“保存”按钮即可。

图 6-5 保存页面上的图片

6. 将网页上的部分文字保存成一个文本文件

浏览网上信息时，经常需要将页面上的文字保存下来以便以后查看，操作步骤如下。

（1）打开指定的页面。

（2）选定需要复制的内容，然后右击，在弹出的快捷菜单中选择“复制”命令。

（3）打开“记事本”程序或 Word 程序。

（4）在记事本中右击，在弹出的快捷菜单中选择“粘贴”命令，将复制的文本粘贴到记事本中。

（5）在记事本中执行“文件”→“保存”命令，在打开的“另存为”对话框中设置文件名称后单击“保存”按钮即可。

7. 利用搜索引擎搜索信息

为了更方便地在互联网上查找信息，搜索引擎是一个很好的帮手。目前常用的中文搜索引擎有搜搜（http://www.soso.com）、百度（http://www.baidu.com）等。例如，在浏览器的地址栏里输入 http://www.baidu.com，按 Enter 键，如果想搜索与“计算机学习”相关的内容，将“计算机学习”这个关键词输入页面中的文本框里然后单击“百度一下”按钮，页面上就会出现与“计算机学习”相关的若干链接，根据自己的需要可以打开这些链接去查找自己想看的内容。

8. 设置 IE 浏览器的主页

IE 浏览器提供了设置主页的功能，该功能主要是为了能够方便用户浏览自己访问频率非常高的站点。例如，将百度搜索引擎（http://www.baidu.com）设置为首页的操作步骤如下。

（1）右键单击桌面上的 IE 浏览器图标。

（2）在弹出的快捷菜单中选择“属性”命令，打开图 6-6 所示的对话框。

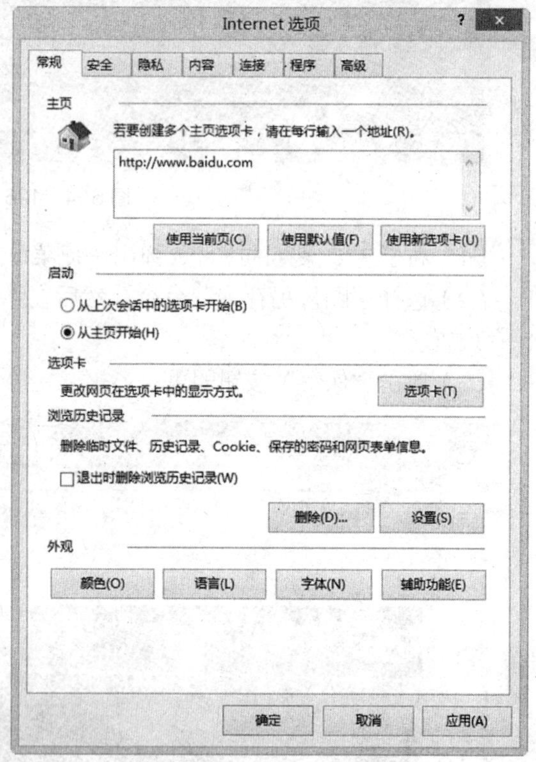

图 6-6　设置 IE 主页

（3）在“若要创建多个主页选项卡，请在每行输入一个地址”文本框中输入百度的网址“http://www.baidu.com”，然后单击“确定”按钮即可。

在该对话框中还可以对 Internet 连接方式、连接内容、隐私保护及安全性等方面进行设置。

实验指导 3　使用迅雷下载文件

实验目的

（1）掌握使用迅雷下载文件的一般步骤。

（2）掌握迅雷对下载任务管理和配置的一般方法。

实验内容

（1）下载单个文件和网页中的全部链接。

（2）批量下载和 BT 下载。

（3）管理下载任务。

实验步骤

1. 下载文件

执行“开始”→“所有程序”→“迅雷软件”→“迅雷 7”→“启动迅雷 7”命令，打开迅雷 7 主界面，如图 6-7 所示。

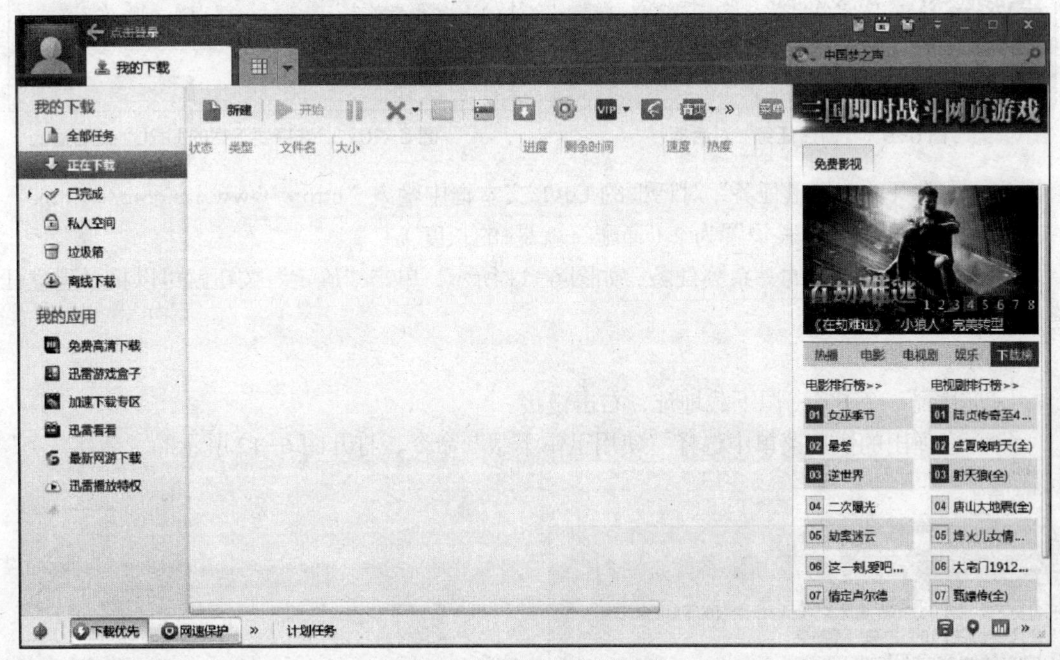

图 6-7　迅雷 7 的主界面

1）下载单个文件

（1）右击网页中的链接，弹出图 6-8 所示的快捷菜单，选择“使用迅雷下载”命令，打开图 6-9 所示的“新建任务”对话框。

（2）各项设置完毕后，单击“立即下载”按钮，下载任务开始执行。

2）下载网页中的多个链接

（1）右击网页，在弹出的快捷菜单中选择“使用迅雷下载全部链接”命令，弹出询问是否使用框选方式批量下载的提示框，单击“否”按钮，打开“选择要下载的 URL”对话框，如图 6-10 所示。

（2）在窗口中已经包含了网页中的所有链接，用户选择后单击“确定”按钮即可下载。

3）批量下载

（1）在迅雷主界面中单击“新建”按钮，打开“新建任务”对话框，在该对话框中单击“按规则添加批量任务”链接。

图 6-8　快捷菜单

图 6-9 “新建任务”对话框

图 6-10 “选择要下载的 URL”对话框

（2）在打开的“批量任务”对话框的 URL 文本框中输入“http://www.aaa.com/(*).mp3”，填写从 1 到 18，通配符长设置为 2（通配符就是*的长度）。

（3）此时出现新建的一系列任务，如图 6-11 所示，单击“确定”按钮就可以批量建立任务了。

4）BT 下载

（1）找到一个 BT 资源下载地址，右击链接。

（2）在弹出的快捷菜单中选择“使用迅雷下载”命令，打开图 6-12 所示的“新建任务”对话框。

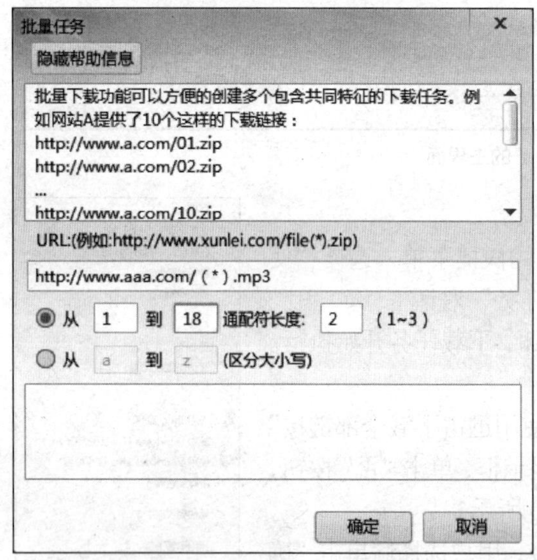

图 6-11 “批量任务”对话框

图 6-12 BT 下载“新建任务”对话框

（3）选择文件需要保存的位置，单击“立即下载”按钮。

（4）迅雷下载完成后会自动打开 Torrent 文件，打开“新建 BT 任务”对话框，如图 6-13 所示。

（5）单击“立即下载”按钮开始下载。

2. 管理下载任务

（1）依照上述方法建立下载任务后，就可以在任务列表中看到这些文件。列表中显示了文件名称、文件大小、进度和速度等，如图 6-14 所示。

图 6-13 “新建 BT 任务”对话框

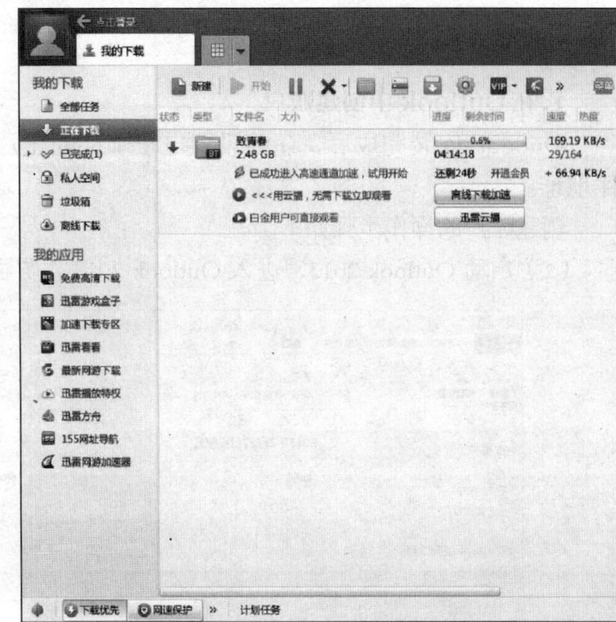

图 6-14 任务列表面板

（2）选中该文件后，可以使用工具栏中的“暂停任务”或“删除任务”按钮来操作任务，单击“打开文件存放目录”按钮可以打开文件下载的目录。

（3）在左侧“我的下载”选项区中，可以选择查看正在下载和已完成下载的文件。

单击“菜单”按钮，在弹出的下拉菜单中执行“工具”→“下载配置中心”命令，打开“配置中心”界面，在其中可以对迅雷进行各项配置。

实验指导 4 使用 Outlook 2013 收发电子邮件

（1）掌握账号的设置方法。

（2）掌握撰写与发送邮件的步骤。

（3）掌握在电子邮件中插入附件的方法。

（4）掌握回信与转发的相关操作。

（5）掌握联系人的使用方法。

实验内容

（1）对 Outlook 进行账号设置。

（2）撰写与发送邮件。
（3）在电子邮件中插入附件。
（4）回复与转发邮件。
（5）联系人的使用。

实验步骤

1. 在 Outlook 中创建账户

Outlook 安装完成后，还要设置电子邮件的账户才能使用。该账户就是用户的电子邮件地址。

创建账户的操作步骤如下。

（1）启动 Outlook 2013，进入 Outlook 2013 主界面，如图 6-15 所示。

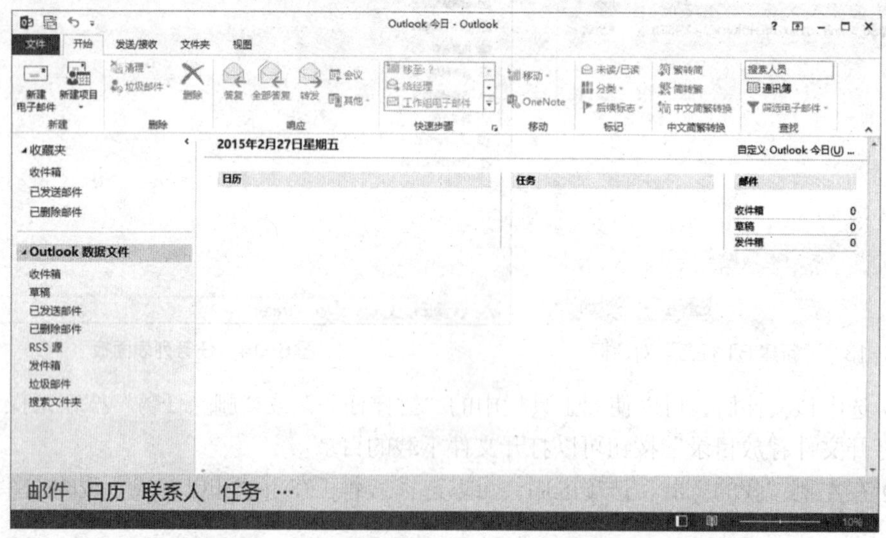

图 6-15　Outlook 2013 主界面

（2）单击“文件”按钮，进入图 6-16 所示的“帐户信息”界面。

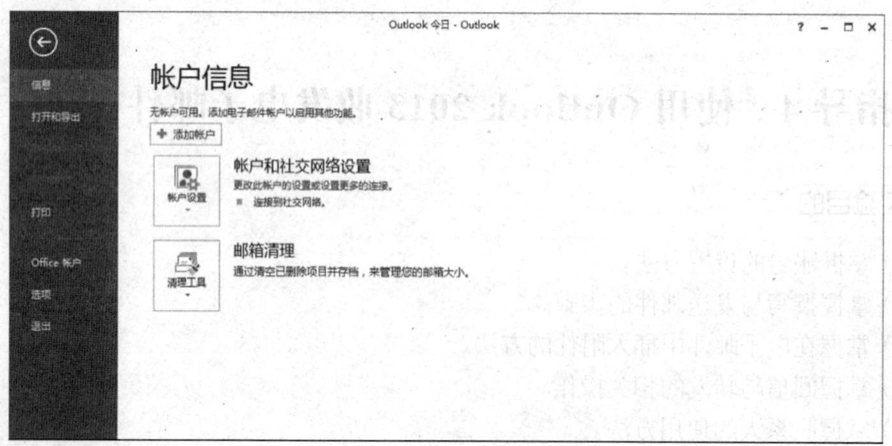

图 6-16　“账户信息”界面

（3）单击“添加帐户”按钮，打开“选择服务”对话框，选中“电子邮件帐户”单选按钮，如图 6-17 所示。

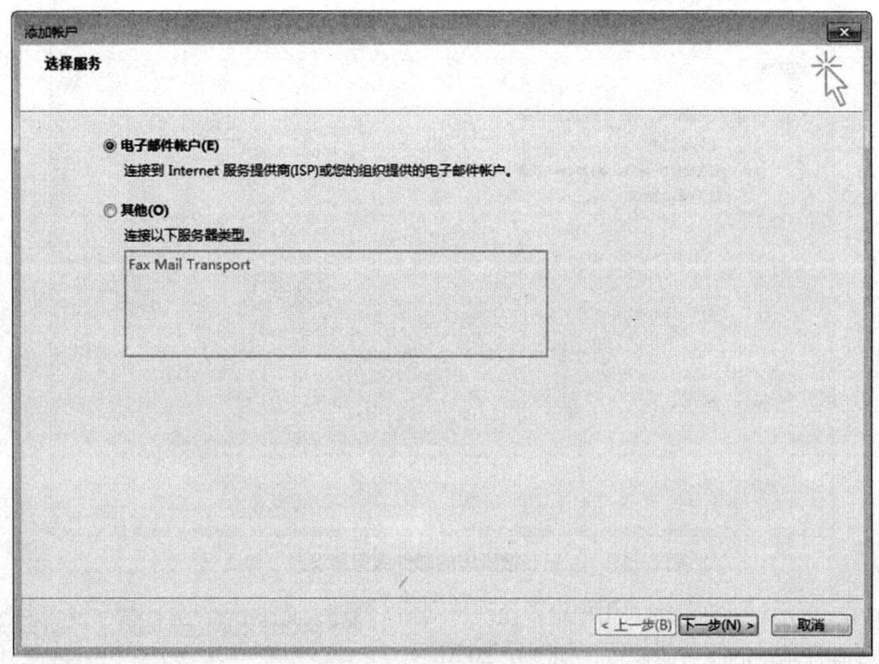

图 6-17　“选择服务”对话框

（4）单击“下一步”按钮，打开“自动帐户设置”对话框，如图 6-18 所示。在该对话框中输入相应的名称、电子邮件地址、密码等信息。

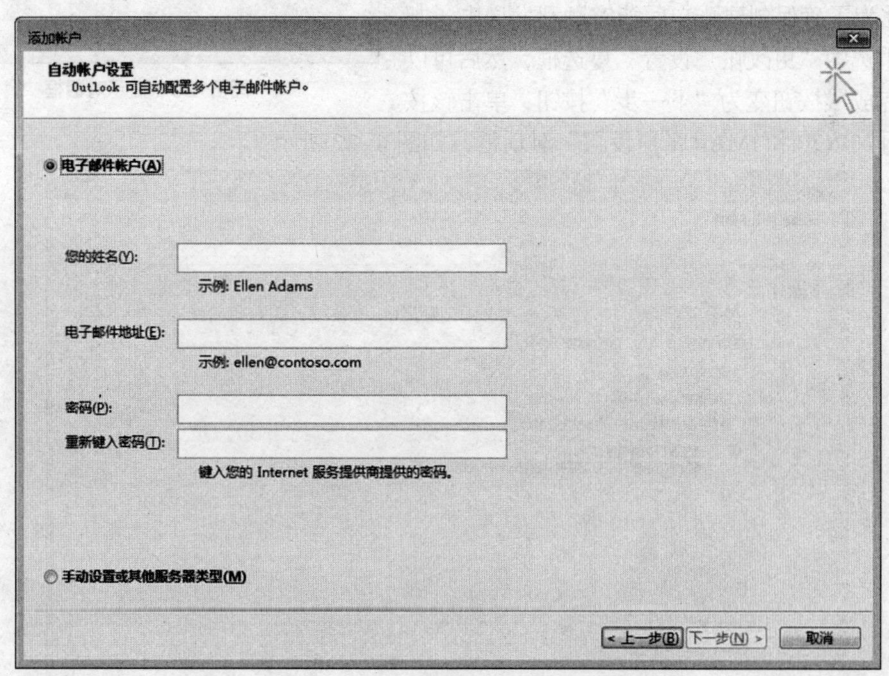

图 6-18　“自动账户设置”对话框

（5）填写完成后继续单击“下一步”按钮，Outlook 2013 将连接网站进行配置，如图 6-19 所示。

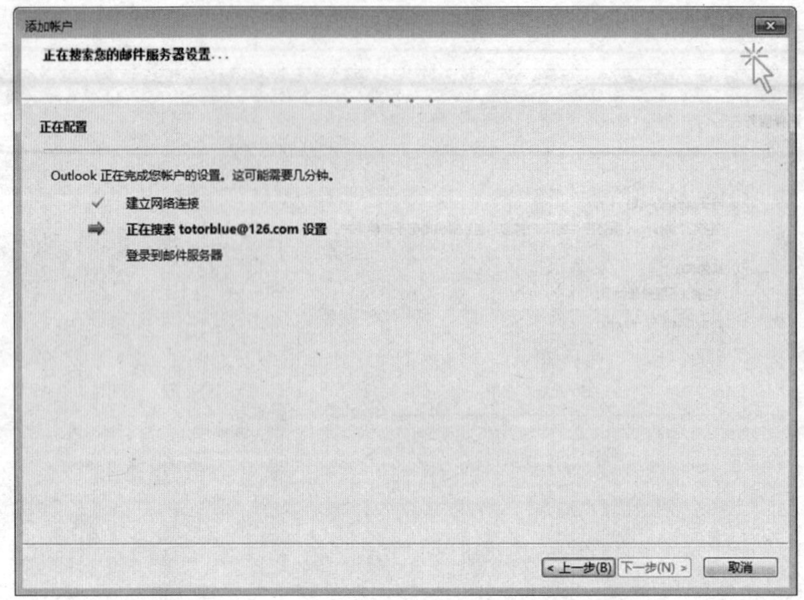

图 6-19 “正在搜索您的邮件服务器设置”对话框

（6）弹出提示对话框，询问用户是否允许该网站配置该电子邮件地址的服务器设置，如图 6-20 所示。

图 6-20 提示对话框

（7）单击“允许”按钮，Outlook 2013 将继续进行配置，并尝试发送一封电子邮件。如果发送失败，就会打开图 6-21 所示的对话框。

（8）为了确保创建账户后能够顺利发送电子邮件，这里选中“更改帐户设置”复选框，然后可以发现“完成”按钮变为“下一步”按钮，单击该按钮，打开“POP 和 IMAP 帐户设置”对话框，如图 6-22 所示。

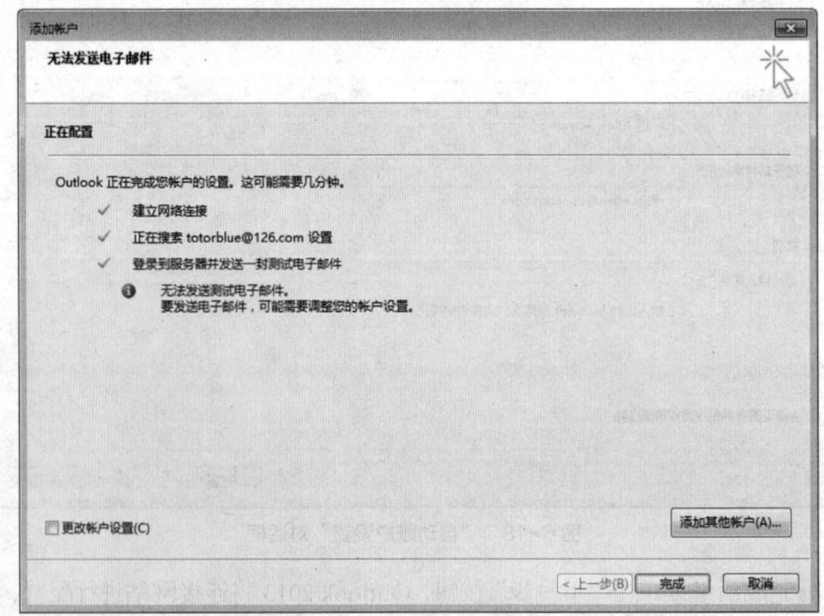

图 6-21 “无法发送电子邮件”对话框

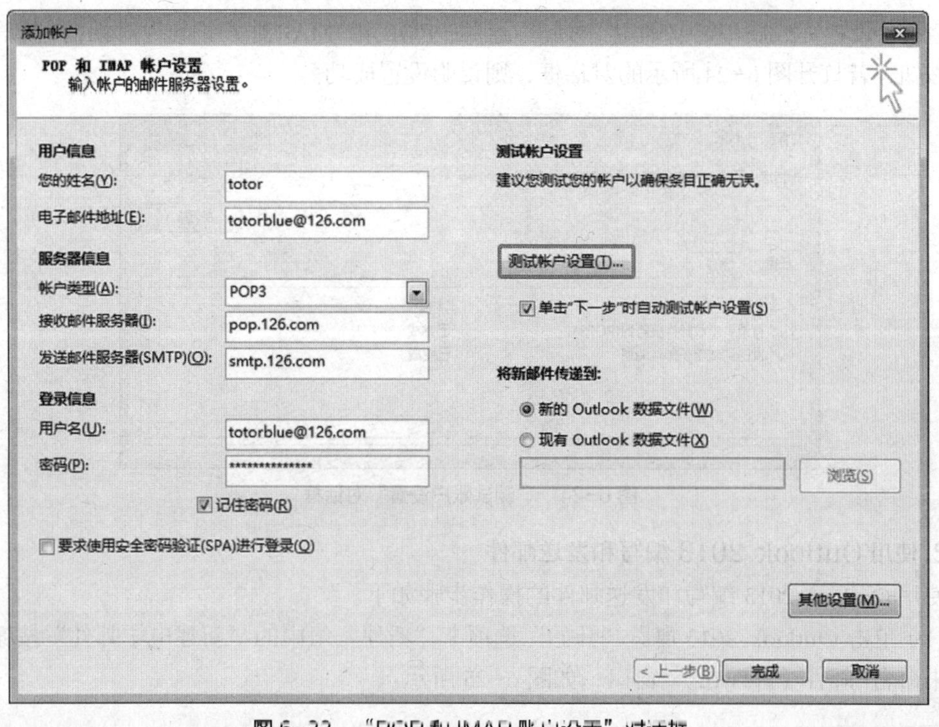

图 6-22 “POP 和 IMAP 账户设置”对话框

（9）在图 6-22 所示对话框中，将账户类型设置为“POP3”，在“用户名”文本框中要写清楚邮件地址的全称，然后单击“其他设置”按钮，打开“Internet 电子邮件设置”对话框，如图 6-23 所示。

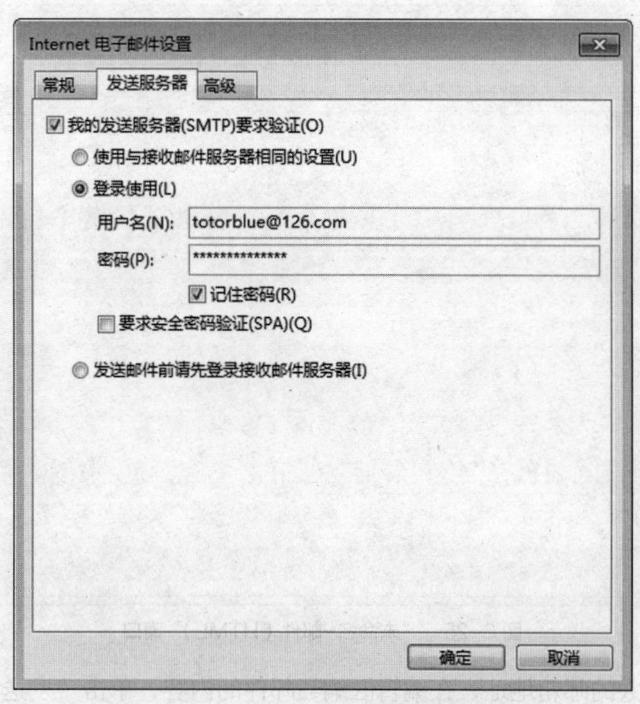

图 6-23 “Internet 电子邮件设置”对话框

（10）切换到“发送服务器”选项卡，选中“登录使用”单选按钮，然后输入正确的用户名和密码，设置完成后单击“确定”按钮，返回“POP 和 IMAP 账户设置”对话框，单击“完成”按钮，若打开图 6-24 所示的对话框，则说明设置成功。

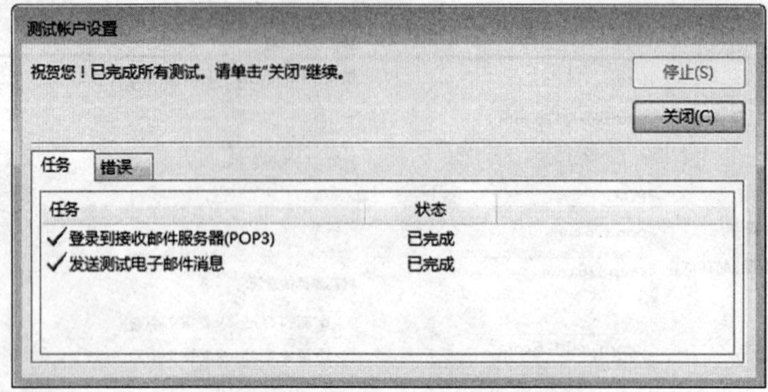

图 6-24 “测试账户设置”对话框

2. 使用 Outlook 2013 编写和发送邮件

使用 Outlook 2013 编写和发送邮件的操作步骤如下。

（1）单击 Outlook 2013 窗口“开始”选项卡“新建”组中的“新建电子邮件”按钮，打开“未命名-邮件（HTML）”窗口，如图 6-25 所示。

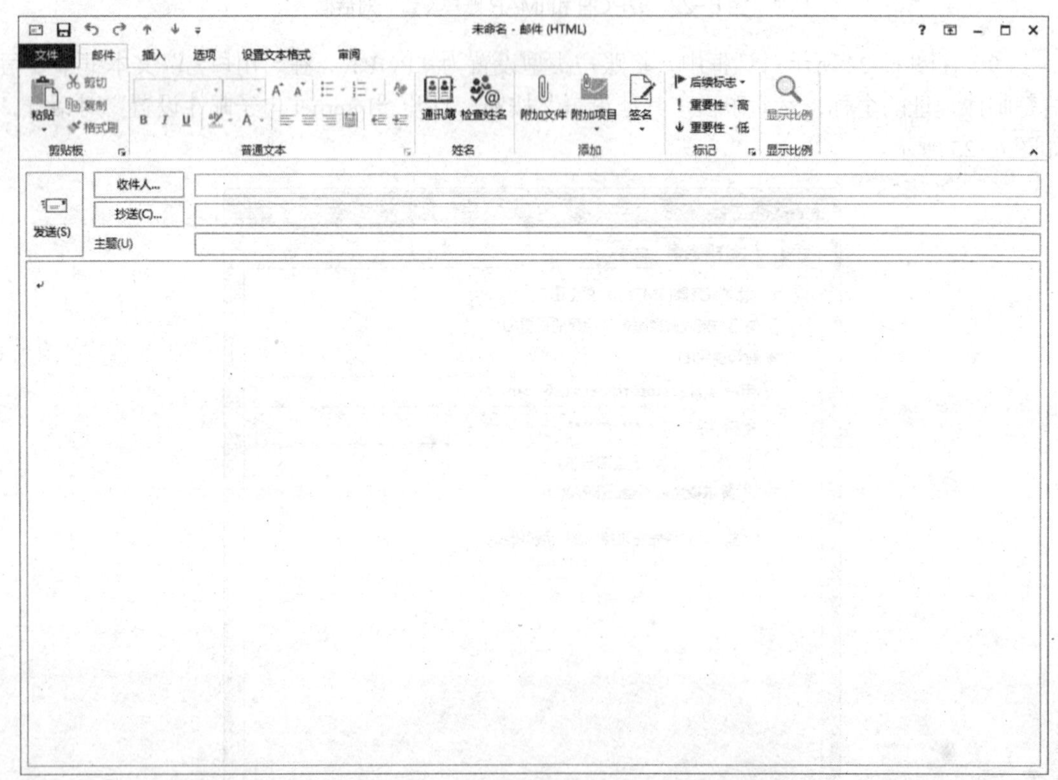

图 6-25 “未命名-邮件（HTML）”窗口

（2）输入收件人的邮箱地址，在编辑区编写邮件的内容，单击“发送”按钮，即可发送邮件。若需要插入附件，则单击“邮件”选项卡“添加”组中的“附加文件”按钮，打开“插入文件”对话框，如图 6-26 所示。

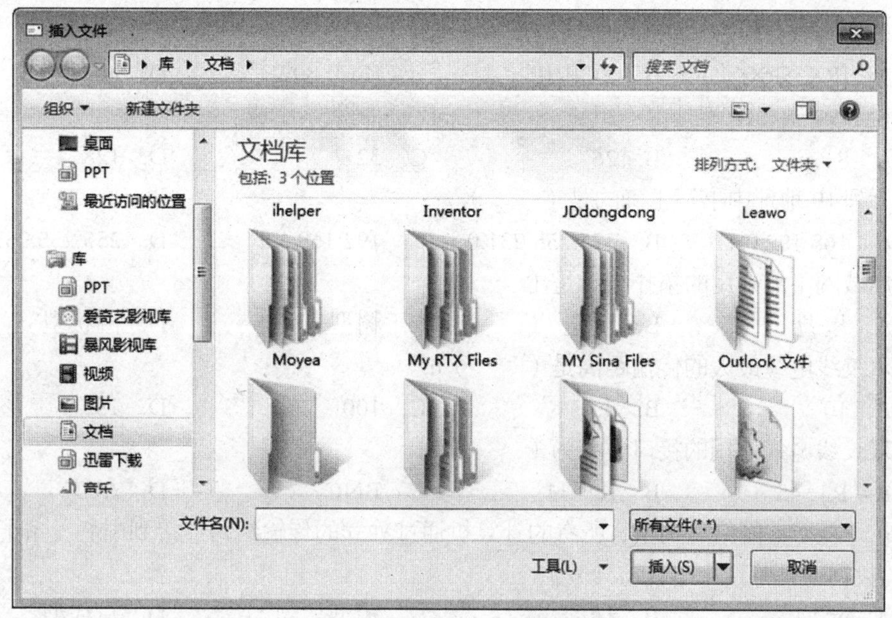

图 6-26 “插入文件”对话框

（3）选择好要添加的附件，单击“插入”按钮，返回邮件正文，单击“发送”按钮即可。

3. 回信与转发

1）回复邮件

看完一封邮件需要回复时，在邮件阅读窗口中单击“答复”或“全部答复”按钮，弹出回信窗口，这里的发件人和收件人的地址已由系统自动填好，原信件的内容也都显示出来作为引用内容。编写回信，这里允许原信内容和回信内容交叉，以便引用原信语句。回信内容写好后，单击“发送”按钮，就可以完成回信任务。

2）转发

如果觉得有必要让更多的人也阅览自己收到的这封信，如用邮件发布的通知、文件等，就可以转发该邮件，可进行如下操作。

（1）对于刚阅读过的邮件，直接在邮件阅读窗口上单击“转发”按钮。对于收件箱中的邮件，可以先选中要转发的邮件，然后单击“转发”按钮。之后，均可进入类似回复窗口那样的转发邮件窗口。

（2）填入收件人地址，多个地址之间用逗号或分号隔开。

（3）必要时，在待转发的邮件之下撰写附加信息。最后，单击“发送”按钮，完成转发。

习题

一、选择题

1. 学校的校园网络属于（　　）。

A. 局域网　　B. 城域网　　C. 广域网　　D. 电话网

2. 计算机网络的主要目标是（　　）。

A. 分布处理　　B. 将多台计算机连接起来

C. 提高计算机可靠性　　D. 共享软件、硬件和数据资源

3. 在 Internet 中使用的网络协议是（　　）。

A. IPX/SPX　　B. TCP/IP　　C. IEEE 802.3　　D. NetBEUI

4. 在 IPv4 中，IP 地址由一组（　　）位的二进制数字组成。

A. 8　　B. 26　　C. 32　　D. 128

5. 下列 IP 地址中书写正确的是（　　）。

A. 168.192.0.1　　B. 325.255.231.0　　C. 192.168.1.2　　D. 255.255.255

6. 局域网不能采用的拓扑结构是（　　）。

A. 星型　　B. 环型　　C. 树型　　D. 网状型

7. 双绞线电缆最大的传输距离是（　　）m。

A. 10　　B. 50　　C. 100　　D. 185

8. 双绞线电缆使用的接口类型为（　　）。

A. RJ-45　　B. RJ-11　　C. BNC　　D. AUI

9. 在（　　）网络结构中，所有的计算机通过独立的传输线路连接到中心设备上，计算机之间的数据通信都由中心设备转发。

A. 星型　　B. 环型　　C. 树型　　D. 总线型

10. 在 Internet 中，（　　）负责实现域名与 IP 地址之间的相互转换。

A. FTP 服务器　　B. DNS 服务器　　C. WWW 服务器　　D. DHCP 服务器

11. 在 IP 网络中，（　　）设备可以将数据发送到不同网络地址的目的主机。

A. 交换机　　B. 集线器　　C. 路由器　　D. 网卡

12. 个人计算机在家庭接入 Internet 时，必须使用的设备是（　　）。

A. 交换机　　B. 调制解调器　　C. 防火墙　　D. 路由器

13. Internet 的前身是（　　）。

A. WWW　　B. CANET　　C. PSTN　　D. ARPANET

14. 中国组建的第一个国际联网项目是（　　）。

A. CANET　　B. CERNET　　C. CHINANET　　D. CHINAGBN

15. 以下哪个命令用于测试网络是否连通？（　　）

A. telnet　　B. nslookup　　C. ping　　D. ftp

16. 现今，以太网组网技术中常用的有线传输介质有（　　）。

A. 双绞线与同轴电缆　　B. 同轴电缆与光纤

C. 双绞线与光纤　　D. 以上都是错误的

17. Outlook 2013 的主要功能是（　　）。

A. 创建电子邮件账户　　B. 搜索网上信息

C. 电子邮件加密　　D. 接收、发送电子邮件

18. 下列选项中，合法的电子邮件地址是（　　）。

A. hou-em.Hxing.com.cn　　B. em.hxing.com.cn-zhou

C. em.hxing.com.cn@zhou　　D. zhou@em.Hxing.com.cn

19. 用户的电子邮件信箱是（　　）。

A. 通过邮局申请的个人信箱　　B. 邮件服务器内存中的一块区域

C. 邮件服务器硬盘上的一块区域　　D. 用户计算机硬盘上的一块区域

20. 在下列软件中，（　　）不是反病毒软件。

A. AutoCAD　　B. 金山毒霸　　C. Symantec　　D. Kaspersky

21. 现今，常用的浏览器软件有（　）。

A. FrontPage　　B. Firefox　　C. Internet Explorer　　D. Safari

二、填空题

1. 计算机网络是计算机技术与________相结合的产物。

2. 按照网络覆盖范围和计算机之间互连距离的不同，计算机网络可分为 3 类，分别是________、________和________。

3. 从逻辑功能上看，计算机网络划分为________和________两部分。

4. 有线网络采用的传输介质主要有________、同轴电缆及________。

5. 计算机网络最主要的性能指标是________，其单位是________。

6. 光纤主要有两大类，即________和________。

7. ________就是网络中的计算机和设备之间通信时必须遵循的事先制定好的规则标准。

8. IP 地址从功能上由两部分组成，即________和________。

9. 双绞线内部由________对互相缠绕的线缆组成。

10. ADSL 是一种能够通过________提供宽带数据业务的技术。

11. 在 WWW 服务系统中，信息资源以________的形式存储在 WWW 服务器（通常称为 Web 站点）中，它们采用超文本方式对信息进行组织，并且通过________将这些网页链接成一个有机的整体供用户访问浏览，页面到页面的链接信息由________维持。

12. IE 浏览器在启动后，会自动打开一个网页，该网页称为________。

13. 电子邮件地址的一般形式为________。

14. ________文件就是从远程主机复制文件至自己的计算机上；________文件就是将文件从自己的计算机中复制至远程主机上。

15. WWW 服务采用________工作模式。

16. 在 TCP/IP 网络中，邮件服务器之间使用________相互传递电子邮件。而电子邮件客户程序使用________向邮件服务器发送邮件，使用________协议或________从邮件服务器的邮箱中读取邮件。

17. 写出下面常见的名词术语的中文含义。

OA：________　　LAN：________　　IP：________　　Internet：________

ISP：________　　ADSL：________　　Modem：________　　PSTN：________

WWW：________　　FTP：________　　DNS：________　　E-mail：________

Web：________　　HTML：________　　HTTP：________　　URL：________

TCP：________　　SMTP：________　　POP3：________　　IMAP：________

18. 防火墙的________功能用来记录它所监听到的一切事件。

三、判断题

1. 一台计算机只能安装一块网卡。（　）

2. 计算机网络的软件系统由网络操作系统、网络协议、网络管理和应用软件，以及大量的数据资源组成。（　）

3. 局域网的特点是网络覆盖的范围有限，传输速率高、可靠性高。（　）

4. 专用域名中表示教育机构的是 edu。（　）

5. 直通双绞线电缆就是线缆两端采用相同的线序，通常都采用 EIA/TIA-568B 标准制作

而成。(　　)

6. 在使用光纤传输中，多模光纤的传输距离较远，而单模光纤的传输距离较近。(　　)

7. 网络中的主机只要设置了 IP 地址，它们之间就可以相互通信。(　　)

8. 动态分配 IP 地址是在网络中必须提供 DHCP 服务。(　　)

9. 在 Internet 中，所有主机的 IP 地址都是唯一的。(　　)

10. ADSL 技术的下行速率低于上行速率。(　　)

11. 下载工具软件在下载软件时是不能中断的，否则下载失败，只能从头下载。(　　)

12. 若需要对用户使用 IE 访问 Internet 的浏览记录进行保护，可以采取删除所有的历史访问记录的方法。(　　)

13. 使用 E-mail 可以同时把一封信发送给多个收件人。(　　)

14. 在发送 E-mail 时可以通过附件传送数据文件，并且没有大小限制。(　　)

15. 不得在网络上公布国家机密文件和资料。(　　)